福州大学地质实习教学系列教材

联合资助
福州大学教材建设项目
福建省地质灾害重点实验室
国土资源部丘陵山地地质灾害防治重点实验室

工程地质野外实习教程

GONGCHENG DIZHI YEWAI SHIXI JIAOCHENG

吴振祥　焦述强　樊秀峰　编著

内容摘要

《工程地质野外实习教程》是在总结前人工作的基础上修订完善而成的。书中系统介绍了工程地质基础实习的内容与方法，以及实习地区的地质背景资料。全书配以大量彩色地质实景和实物照片。全书共分10章，主要内容包括：地貌与第四纪松散堆积物；岩石分类及野外鉴别；地质年代；地质罗盘的结构及其应用；地形图的基本知识及其应用；区域地质填图的技能与方法；地质构造的观察与分析；不良地质现象调查；实习区区域地质；野外教学实习路线介绍等。

本书可作为高等学校地质工程、岩土工程、环境地质、土木工程、水利工程、安全工程、防灾减灾工程、勘查技术与工程等专业的实习教材，也可供土建、交通、铁道、水利水电、城乡建设、国土资源等相关部门从事地质灾害防灾减灾、边坡工程等专业技术人员、管理人员参考使用。

图书在版编目(CIP)数据

工程地质野外实习教程/吴振祥，焦述强，樊秀峰编著．—武汉：中国地质大学出版社，2016.10（2017.7 重印）

ISBN 978－7－5625－3933－9

Ⅰ.①工…

Ⅱ.①吴…②焦…③樊…

Ⅲ.①工程地质-实习-高等学校-教学参考资料

Ⅳ.①P642

中国版本图书馆 CIP 数据核字(2016)第 281916 号

工程地质野外实习教程　　　　吴振祥　焦述强　樊秀峰　编著

责任编辑：舒立霞　　选题策划：谌福兴　　责任校对：周　旭

出版发行：中国地质大学出版社(武汉市洪山区鲁磨路388号)　　邮政编码：430074

电　　话：(027)67883511　　传真：67883580　　E－mail：cbb @ cug.edu.cn

经　　销：全国新华书店　　http://www.cugp.cug.edu.cn

开本：787 毫米×1 092 毫米 1/16　　字数：292 千字　印张：11.375

版次：2016 年 10 月第 1 版　　印次：2017年 7 月第 2 次印刷

印刷：武汉市籍缘印刷厂　　印数：1001—2000册

ISBN 978－7－5625－3933－9　　定价：36.00 元

前　言

教育部高等学校地质类专业教学指导委员会在地质类专业本科教学质量国家标准——地质类专业知识体系和核心课程体系建议中提出，实验实践类课程在总学分中所占的比例不少于25%。应加强地质实验室及野外实习安全意识和安全防护技能教育，注重培养学生的创新意识和实践能力。根据人才培养目标构建完整的实习、创新训练体系，确定相关内容和要求，多途径、多形式完成相关教学内容，应提高实习的教学要求，加强工程训练的教学和野外实践环节，以提高学生适应未来工作的能力。生产实习教学环节是培养学生工程意识、工程实际能力和实际动手能力的重要环节，也是实现创新目标、创新技能及培养创造能力的重要手段。为落实教育部高等学校地质类专业教学指导委员会提出的地质工程专业应建设特色实验或者特色实践项目，满足海西建设特色人才培养的需要，由本教研组组织教师编写《工程地质野外实习教程》，为学生提供一本适用性较高的实践教材。

本书在前人已有研究成果的基础上，结合编著者的科研、生产实践、教学经验，对工程地质基础实习进行系统的归纳和总结，教材构成的体系合理、层次清晰、深入浅出、内容全面、实用性强。全书共分10章：第一章为地貌与第四纪松散堆积物，详细介绍常见的地貌单元和第四纪堆积物的堆积特征；第二章为岩石分类及野外鉴别，从矿物成分、结构和构造的分析来鉴别三大岩类；第三章为地质年代，介绍了绝对地质年代和相对地质年代；第四章为地质罗盘的结构及其应用，详细介绍罗盘结构，罗盘在地理定位和各种地质体产状测量中的应用；第五章为地形图的基本知识及其应用，详细介绍了地形图在室内和野外的应用；第六章为区域地质填图的技能与方法，介绍地质填图资料搜集、野外踏勘、设计编审、野外地质调查、资料整理、野外验收、图件编制、成果编制及验收、成果登记与出版、成果提交与资料归档等程序；第七章为地质构造的观察与分析，介绍褶皱、断层、节理、劈理等地质构造的定义、分类及野外鉴别方法；第八章为不良地质现象调查，介绍崩塌、滑坡、泥石流、岩溶等不良地质的基本概念、形成条件、野外调查方法及治理措施；第九章为实习区区域地质，介绍实习区自然地理概况、地层、区域地质构造、矿产资源及旅游地质；第十章为野外教学实习路线介绍，通过本专业老师多年来的归纳与总结，规划出10条实习路线。

本书的编写得到了福州大学教材建设项目及福建省地质灾害重点实验室、国土资源部丘陵山地地质灾害防治重点实验室开放基金的资助，福州大学岩土工程专业研究生李千、程圆圆、赵佳静、黄鹏以及部分地质工程本科专业同学等参与了文字编辑、图件清绘、校对等工作，在此表示衷心的感谢。编写过程中参考了大量的相关著作、教材、手册、期刊论文、技术资料等，对相关作者表示衷心的感谢。由于水平有限，时间仓促，书中不足之处在所难免，敬请读者批评指正。

编著者

190057923@qq.com

2016年9月

目　录

第一章　地貌与第四纪松散堆积物

第一节　地貌

地貌即地球表面各种形态的总称，也称为地形。地表形态是多种多样的，成因也不尽相同，是内、外力地质作用对地壳综合作用的结果。许多专家学者采用形态成因原则分类，如美国W. M. 戴维斯1884年和1899年提出按构造、营力和时间形成地貌的三要素进行分类；沈玉昌在1958年按成因划分出构造地貌、侵蚀剥蚀的构造地貌、侵蚀地貌、堆积地貌、火山地貌5个类型。但是影响地貌发育的因素除了内、外地质作用外，还有各种地貌依赖的实体——地表的组成物质，不同的组成物质往往形成不同的地表形态。因此，有专家提出根据形态标志、成因标志、物质组成标志和发展阶段、年龄标志等，进行综合分类。我国常见的地貌单元分类如表1-1所示，各类型地貌分类见表1-2～表1-13。

表1-1　常见地貌单元的分类

<table>
<tr><th>成因</th><th colspan="2">地貌单元</th><th>主导地质作用</th></tr>
<tr><td rowspan="6">构造、剥蚀</td><td rowspan="3">山地</td><td>高山</td><td>构造作用为主，强烈的冰川侵蚀作用</td></tr>
<tr><td>中山</td><td>构造作用为主，强烈的剥蚀切割作用和部分的冰川侵蚀作用</td></tr>
<tr><td>低山</td><td>构造作用为主，长期强烈的剥蚀切割作用</td></tr>
<tr><td colspan="2">丘陵</td><td>中等强度的构造作用，长期剥蚀切割作用</td></tr>
<tr><td colspan="2">剥蚀残山</td><td>构造作用微弱，长期剥蚀切割作用</td></tr>
<tr><td colspan="2">剥蚀准平原</td><td>构造作用微弱，长期剥蚀和堆积作用</td></tr>
<tr><td rowspan="4">山麓斜坡堆积</td><td colspan="2">洪积扇</td><td>山谷洪流洪积作用</td></tr>
<tr><td colspan="2">坡积裙</td><td>山坡面流坡积作用</td></tr>
<tr><td colspan="2">山前平原</td><td>山谷洪流洪积作用为主，夹有山坡面流坡积作用</td></tr>
<tr><td colspan="2">山间凹地</td><td>周围的山谷洪流洪积作用和山坡面流坡积作用</td></tr>
<tr><td rowspan="5">河流侵蚀堆积</td><td rowspan="4">河谷</td><td>河床</td><td>河流的侵蚀切割作用或冲积作用</td></tr>
<tr><td>河漫滩</td><td>河流的冲积作用</td></tr>
<tr><td>牛轭湖</td><td>河流的冲积作用或转变为沼泽堆积作用</td></tr>
<tr><td>阶地</td><td>河流的侵蚀切割作用或冲积作用</td></tr>
<tr><td colspan="2">河间地块</td><td>河流的侵蚀作用</td></tr>
</table>

续表 1-1

<table>
<tr><th>成因</th><th colspan="2">地貌单元</th><th>主导地质作用</th></tr>
<tr><td rowspan="2">河流堆积</td><td colspan="2">冲积平原</td><td>河流的冲积作用</td></tr>
<tr><td colspan="2">河口三角洲</td><td>河流的冲积作用，间有滨海堆积或湖泊堆积</td></tr>
<tr><td rowspan="2">大陆停滞水堆积</td><td colspan="2">湖泊平原</td><td>湖泊堆积作用</td></tr>
<tr><td colspan="2">沼泽地</td><td>沼泽堆积作用</td></tr>
<tr><td rowspan="2">大陆构造-侵蚀</td><td colspan="2">构造平原</td><td>中等构造作用，长期堆积和侵蚀作用</td></tr>
<tr><td colspan="2">黄土塬、黄土墚、黄土峁</td><td>中等构造作用，长期黄土堆积和侵蚀作用</td></tr>
<tr><td rowspan="4">岩溶（喀斯特）</td><td colspan="2">岩溶盆地</td><td>地表水及地下水强烈的溶蚀作用</td></tr>
<tr><td colspan="2">峰林地形</td><td>地表水强烈的溶蚀作用</td></tr>
<tr><td colspan="2">石芽残丘</td><td>地表水的溶蚀作用</td></tr>
<tr><td colspan="2">溶蚀准平原</td><td>地表水的长期溶蚀作用及河流的堆积作用</td></tr>
<tr><td rowspan="9">冰川</td><td colspan="2">冰斗</td><td>冰川侵蚀作用</td></tr>
<tr><td colspan="2">幽谷</td><td>冰川侵蚀作用</td></tr>
<tr><td colspan="2">冰蚀凹地</td><td>冰川侵蚀作用</td></tr>
<tr><td colspan="2">冰碛丘陵冰碛平原</td><td>冰川堆积作用</td></tr>
<tr><td colspan="2">终碛堤</td><td>冰川堆积作用</td></tr>
<tr><td colspan="2">冰前扇地</td><td>冰川堆积作用</td></tr>
<tr><td colspan="2">冰水阶地</td><td>冰川侵蚀作用</td></tr>
<tr><td colspan="2">蛇堤</td><td>冰川接触堆积作用</td></tr>
<tr><td colspan="2">冰碛阜</td><td>冰川接触堆积作用</td></tr>
<tr><td rowspan="5">风成</td><td rowspan="3">沙漠</td><td>石漠</td><td>风的吹蚀作用</td></tr>
<tr><td>沙漠</td><td>风的吹蚀和堆积作用</td></tr>
<tr><td>泥漠</td><td>风的堆积作用和水的再次堆积作用</td></tr>
<tr><td colspan="2">风蚀盆地</td><td>风的吹蚀作用</td></tr>
<tr><td colspan="2">砂丘</td><td>风的堆积作用</td></tr>
</table>

表 1 – 2　构造、剥蚀地貌分类

<table>
<tr><th>地貌类型</th><th>成因与特征</th></tr>
<tr><td rowspan="2">山地</td><td>按构造形式的分类及特征见表 1 – 3</td></tr>
<tr><td>按地貌形式的分类及特征见表 1 – 4</td></tr>
<tr><td>丘陵</td><td>相对高度小于 200m。丘陵地区基岩一般埋藏较浅，顶部常直接裸露，风化现象严重，有时表层为残积物掩盖；谷底堆积有较厚的洪积物、坡积物或冲积物，有时还有淤泥等；在边缘地带常堆积有结构松散的新近堆积物。丘陵地区地下水的分布较复杂，一般丘顶部分无地下水，边缘和谷底常有上层滞水或潜水型的孔隙水</td></tr>
<tr><td>剥蚀残丘</td><td>低山在长期的剥蚀过程中，大部分的山地都被夷平成为准平原，但在个别地段形成了比较坚硬的残丘，称剥蚀残山。一般常成几个孤零屹立的小丘，有时残山与河谷交错分布</td></tr>
<tr><td>剥蚀准平原</td><td>剥蚀准平原是低山残丘经过长期的剥蚀和夷平，外貌显得更为低缓平坦，具有微弱起伏的地形，其分布面积一般不大。由于长期受到剥蚀，因而基岩常裸露地表，有时低洼地段覆盖有一定厚度的残积物、坡积物、洪积物等。剥蚀准平原的地下水一般埋藏较深，或只有一些上层滞水，地下水位随地形的起伏而略有起伏</td></tr>
</table>

表 1 – 3　山地按构造形式分类

山地名称	成因与特征
断块山	由于断裂作用上升的山地称为断块山。断块山最初形成时，具有完整的断层面和明显的断层线。断层面成为山前的陡崖，外形一般为三角形；断层线则是崖底的轮廓线。但是由于断块山不断地上升，经过长期的风化和剥蚀，断层面被破坏并向后退却；崖底的断层线也被巨厚的风化碎屑物所掩盖
褶皱断块山	在构造形态上具有被断裂作用分离的褶皱岩层，曾经是构造运动剧烈和频繁的地区
褶皱山	由褶皱作用所致，除了简单的背斜或向斜褶曲外，尚有次生的小褶曲。山脉走向与褶曲的方向常一致。在向斜构造及背斜构造的褶皱山区容易产生狭长的槽沟地形

表 1 – 4　山地按地貌形态分类

<table>
<tr><th colspan="2">山地名称</th><th>绝对高度(m)</th><th>相对高度(m)</th><th>主要特征</th></tr>
<tr><td colspan="2">最高山</td><td>＞5000</td><td>＞5000</td><td>其界线大致与现代冰川位置和雪线相符</td></tr>
<tr><td rowspan="3">高山</td><td>高山</td><td rowspan="3">3500～5000</td><td>＞1000</td><td rowspan="3">以构造作用为主，具有强烈的冰川侵蚀切割作用</td></tr>
<tr><td>中高山</td><td>500～1000</td></tr>
<tr><td>低高山</td><td>200～500</td></tr>
<tr><td rowspan="3">中山</td><td>高中山</td><td rowspan="3">1000～3500</td><td>＞1000</td><td rowspan="3">以构造作用为主，具有强烈的剥蚀切割作用和部分的冰川侵蚀作用</td></tr>
<tr><td>中山</td><td>500～1000</td></tr>
<tr><td>低中山</td><td>200～500</td></tr>
<tr><td rowspan="2">低山</td><td>中低山</td><td rowspan="2">500～1000</td><td>500～1000</td><td rowspan="2">以构造作用为主，受长期强烈剥蚀切割作用</td></tr>
<tr><td>低山</td><td>200～500</td></tr>
</table>

表 1－5 山麓斜坡地貌形态分类

地貌分类	成因与特征
洪积扇	山区洪流沿河谷流出山口时，流速减小，搬运能力急剧减弱，洪流搬运的碎屑物质在山口逐渐堆积下来，形成洪积扇。它一般是由山口向山前倾斜的半圆扇形锥状堆积体
坡积裙	由山坡上的面流将碎屑物搬运到山麓下，并围绕坡脚堆积而成的裙状地貌。坡积物分选性差，大小颗粒混杂在一起。由于重力作用，粗颗粒堆积在邻近山麓，细颗粒则堆积在较远的地方
山前平原	暂时水流在山前堆积了大量的洪积物，这些洪积物和山坡上面流水所挟带的坡积物堆积在一起，形成宽广的山前倾斜平原。靠近山麓较高，远离山麓较低，地形狭长，波状起伏。在新构造运动上升区，洪积扇向下方移动，山前平原不断扩大；如果山区上升过程中曾有过几次间歇，在山前平原上就会产生高差明显的山麓阶地
山间凹地	被环绕的山地所包围而形成的堆积盆地，称为山间凹地。山间凹地由周围的山前平原继续扩大所组成，凹地边缘颗粒粗大，一般呈次棱角状，凹地中心，颗粒逐渐变细，地下水位浅，有时形成大片沼泽洼地

表 1－6 河流侵蚀堆积地貌分类

地貌类型		成因与特征
河谷	河床	是谷底河水经常流动的地方。由于受河流的侧向侵蚀作用而弯来弯去，经常改变河道的位置，河床底部的冲积物就复杂多变。一般来说，山区河流河床底部大多为坚硬的岩石或者是大块的碎石、卵石，但由于侧向侵蚀的结果常带来大量的细小颗粒，并可能有软土存在。特别是当河流两旁有许多冲沟支岔时，这些冲沟支岔带来的细小颗粒往往与河流挟带来的粗大颗粒交错在一起，使河床下的堆积物变得复杂化。山区河流河床底部的堆积物本身也往往是不固定的，当再一次较大的洪水下来时，原来堆积的物质被搬运走了，而又堆积下来新的物质。平原地区河流的河床，一般是由河流自身堆积的细颗粒物质构成
	河漫滩	分布在河床两侧，经常受洪水淹没的浅滩称为河漫滩。河流上游，河漫滩往往由大块碎石所构成，且处于不稳定状态，再一次洪水到来时可能把它冲走。河流中游，河漫滩一般由砂土所组成。河流下游，河漫滩一般由黏性土组成。河漫滩的地下水位一般都较浅，在干旱地区往往形成盐渍地。由于河流挟带的碎屑物不断堆积在河床的两侧，这样有时靠河床一侧的河漫滩地形较其他部分高，河漫滩上的低洼部分则逐渐形成河漫滩湖泊或河漫滩沼泽地
	牛轭湖	是河流产生蛇曲的结果。当河流弯曲得十分厉害，一旦河流截弯取直，原来弯曲的河道淤塞，就成了牛轭湖。在枯水和平水期间，牛轭湖内长满了水草，渐渐淤积成为沼泽。在洪水期间，牛轭湖有时就与河流相接成为溢洪区，牛轭湖一般是泥炭、淤泥堆积的地区
	阶地	是地壳上升、河流下切形成的地貌。当上升过程中有几次停顿的阶段，就形成几级阶地。阶地由河漫滩以上算起，分别称为一级阶地、二级阶地等。高阶地靠山坡的一侧也可能有新近堆积的坡积层、洪积层，其压缩性高，结构强度低。在低阶地，地下水位较浅，特别要注意低阶地上地形比较低洼的地段。这些地方有时积水，生长一些水草。往往曾是河漫滩湖泊和牛轭湖的地方。有时河漫滩湖泊或牛轭湖的堆积物埋藏很深，成为透镜体或条带状的淤泥
	河间地块	河谷相互之间所隔开的广阔地段，称为分水岭。在山区，分水岭通常是陡峻的山脊；在平原地区，分水岭常表现为较平坦的地形，外表上不很明显，水仅从一个较高的地段流向两条不同的河流，这种分水岭，称为河间地块。河间地块本身的地质构成可能是多种多样的，有的原先是构造平原，受相反方向两条河流的切割而成为剥蚀准平原类型，有的原先是洪积扇或阶地，为几条支流同时切割而成了河间地块。河间地块的地表水分别流入各自的河流，地下水也分别补给各自的河流，地表水的分水岭常和地下水的分水岭相一致(岩溶地区除外)，地下水位随地形的起伏而起伏

表 1-7　大陆构造-侵蚀地貌分类

地貌类型	成因与特征
构造平原	由于地壳的缓慢上升，海水不断退出陆地，所形成的向海洋微微倾斜的平原，称为构造平原。 构造平原分布极广，依照其所处的绝对标高的高度可分为： 1.洼地。位于海平面以下的平展的内陆低地。这种低地为荒漠或半荒漠地区的内陆盆地，表面切割微弱。 2.平原。绝对标高在 200m 以下的平展地带。 3.高原。绝对标高在 200m 以上的顶面平坦的高地
黄土塬、黄土墚、黄土峁	由黄土覆盖的高原称为黄土高原。黄土高原地形平坦，但常被冲沟切割得支离破碎，这种被冲沟切割后还保持大片平缓倾斜的黄土平台，称为黄土塬。 黄土塬上受两条平行的冲沟切而成条状的高地，称为黄土墚。 黄土墚进一步受冲切的切割而成立的或连续的馒头状的高地或者由于古地面的影响而成单个孤立的丘陵，称为黄土峁。 黄土具有垂直的节理，因此能保持高耸的直立陡壁，黄土塬、黄土墚上部地形平坦，但边缘常为冲沟或河流切割而成深邃的黄土狭谷，边坡常不稳定。 由于部分地区的黄土浸水后具有湿陷性，在自重湿陷性地区地表常有漏斗、碟形洼地、天生桥、黄土柱等特殊地貌景观。 黄土大多具有垂直的沟孔和孔隙，地表水容易渗透到底部，因此黄土高原上地下水一般埋藏都较深

表 1-8　河流堆积地貌分类

地貌类型	成因与特征
冲积平原	由大河流中、下游发生大量堆积而形成。岩体埋藏一般很深，其堆积巨厚的第四纪沉积物，以细颗粒为主，地下水位很浅，凡是地形较低洼或水草茂盛的地方，过去曾是河漫滩湖泊或牛轭湖，常分布较厚的条带状淤泥。有时被风成沙所掩盖，形成复杂的砂丘地貌。冲积平原又可分为山前平原、中部平原和滨海平原
河口三角洲	河流在入海或入湖的地方堆积了大量的碎屑物，构成了一个三角形的地段，称为河口三角洲。由于河口三角洲是河流的最末端，入海处经常受到海浪或湖汐的顶托，流速几乎为零，使淤泥等最细小的颗粒能全部堆积下来，形成巨厚的淤泥层。河口三角洲地下水位一般很浅，地基土的承载力比较低，常为软土地基。 新构造运动上升的地区，海岸线不断往海域方向扩张，河口三角洲的面积日益扩大，反之，则渐趋缩小。 在河口三角洲形成的时期，流速迅速减小，产生了大量的分流，形成一个复杂的水系网。小的分流往往成为许多纵横交错的小河沟，这些小河沟后来又被河流冲积物所掩盖，成为暗浜或暗沟

表 1－9　大陆停滞水堆积地貌分类

地貌类型	成因与特征
湖泊平原	由于地表水流将大量的风化碎屑物带到湖泊洼地，使湖岸堆积、湖边堆积与湖心堆积不断地扩大和发展，形成了大片向湖心倾斜的平原，称为湖泊平原。湖泊平原由于是在静水条件下堆积起来的，淤泥和泥炭的总厚度很大，其中往往夹有数层很薄的水平层理的细砂或黏土夹层，很少见到圆砾或卵石。土的颗粒由湖岸向湖心逐渐变细。湖泊平原上地下水位一般都很浅，土质也软弱
沼泽地	湖泊洼地中水草茂盛，大量有机物在洼地中积聚，久而久之产生了湖泊的沼泽化。当喜水植物渐渐长满了整个湖泊洼地，便形成了沼泽地。 在平原上河流弯曲的地段，容易产生沼泽地，大多曾是河漫滩湖泊或牛轭湖的地方。另一方面，当河流流经沼泽地时，由于沼泽地的土质松软，侧向侵蚀强烈，河道往往迂回曲折，有时形成许多小的牛轭湖。在山区山坡较平缓的地段，由于地表水排泄不畅或由于地下水的出露亦可形成沼泽地

表 1－10　海成地貌分类

地貌类型	成因与特征
海岸	海岸是海洋与陆地的边界。根据地貌形态可分为： 1.海岸悬崖。是直立突出的海岸。 2.崖麓。是海岸悬崖的下面部分。它是由悬崖上的崩塌物和海浪冲来的滨海堆积物混合组成。 3.海滩。海滩是平行于海岸线而伸展的平缓地形。它由滨海堆积物所构成，海滩面微微倾向大海。 在上升海岸，海岸线逐渐向海中推移，海滩就会变得宽阔起来；在下降海岸，海岸线逐渐向海岸上移，海滩的范围也就逐步缩小，海岸因海水的堆积作用常产生各种各样的堆积地形： 1.砂坝和砂堤。底流携带泥沙流回大海时，遇到后浪作用，流速抵消，堆积成为砂坝，砂坝一般与海岸线平行。砂坝经不断的推积后，起初形成暗滩，当突出海面后就成为砂堤。 2.潟湖和海滨沼泽。砂堤和海岸之间与大海隔离的部分海面称为潟湖。当潟湖为水草填满时，就成为海滨沼泽。 3.砂嘴。当岸流顺着海岸流动，在海岸拐角的地方，岸流一直流入大海中，海水变深，流速降低；或者由于两股岸流同向一个拐角处流动，相遇之后，流速抵消，泥沙就堆积成为一个顶部向大海突出的砂嘴
海岸阶地	位于海滨的阶地称为海岸阶地。海岸阶地可分为： 1.冲蚀阶地。由海浪的冲蚀作用和海岸的上升作用所形成，大多分布在多山地区的海岸。阶地前缘多有崩塌、滑坡等现象。 2.堆积阶地。由于海水的堆积作用和海岸的上升作用所形成，常见于平原地区的海岸，常有软土、淤泥等分布。 海岸阶地一般都是向大海倾斜的，阶地的外缘与海岸线大致平行。冲蚀阶地的宽度一般比较窄；堆积阶地一般比较宽阔
海岸平原	海岸平原是新的砂堤随着海岸线的下降而扩展形成的。海岸平原的地形开阔平坦，地面缓缓倾向大海。海岸平原上常有许多砂丘，有时微呈波状地形。 海滨沼泽再进一步也会形成海岸平原。这种类型的海岸平原在外表上看起来呈一碟形洼地，洼地的底部多为泥炭和淤泥堆积

表 1-11　岩溶地貌分类

地貌类型	成因与特征
岩溶盆地	岩溶盆地是一种漏斗状或盆状的凹地，常以较高、较陡的悬崖与周围相隔离。盆地的规模大小不一，形态上变化也很大，有时由数个岩溶盆地串通而成狭长形的带状地。 岩溶盆地的底部比较平坦(底部低洼部分常有软土、淤泥存在)。地表河流或地下暗河流经其中，常有漏斗、竖井、落水洞等分布。盆地边缘常有石灰岩的风化残积物(红黏土)及悬崖崩塌物的堆积。 岩溶盆地的周围常有各种形式的岩溶下降泉出露，地表水及周围的下降泉均由无数的落水洞或暗河所排泄。当洪水期间，这些落水洞或暗河被堵，排泄不畅时，则形成暂时积水，淹没盆地底部或成为一个季节性的岩溶湖泊。 岩溶盆地常一连串地沿着断层线、褶皱轴或主要节理方向上发育。这些构造形迹的存在，使岩溶盆地更易发育。 落水洞、竖井：是由于地表水沿着石灰岩凹地、高倾角节理、裂隙密集交叉处溶蚀扩大而成，起着近代地表水流入地下通道的作用者称落水洞；不起近代地表水流入地下通道的作用者，称竖井或天然井。 漏斗：为倒圆锥状或漏斗状的低洼地形，由于水的侵蚀并伴随着塌陷而成。 溶洞、暗河：是以岩溶水的溶蚀作用为主，间有潜蚀和机械塌陷作用而造成的近于水平方向延伸的洞穴称溶洞。当溶洞中有经常性的水流，而流量又较大时，则称为暗河
峰林地形	岩溶盆地的边缘进一步受到溶蚀破坏，使连续的石灰岩悬崖切割分离而成柱形或锥形的陡峭石峰，就形成了峰林地形。 许多石峰分布在一起的称峰丛或峰林。当峰林地形形成后，由于地表河流的侧蚀作用和进一步的溶蚀作用，石峰的高度减低，相互间的距离增大，形成了孤立挺拔的孤峰，有时称为残峰。在厚层水平的石灰岩地区，当垂直节理发育时，经强烈的溶蚀作用而成密集壁立的石峰称为石林。 峰林地区的地面常崎岖不平，常有石芽发育，并有漏斗、竖井、落水洞、暗河等分布。 峰林往往顺岩层走向排列，在背斜的轴部峰林最易形成，而且发育也较完善。在产状平缓、层厚、质纯的石灰岩地区，峰林则常成星点状分布
石芽残丘	当地表水沿石灰岩的表面或裂隙流动时，常将岩石溶切成很深的槽沟，其长度小于5倍宽度者，称为溶沟，大于5倍者称为溶槽。溶沟之间凸起的石脊，称为石芽。石芽分布在石灰岩裸露的地面上，成为石芽残丘。 石芽的形态表现多种多样，有山脊式、棋盘式和石林式；或裸露于地面，或隐伏于地下。石芽之间溶沟底部的红黏土，一般含水量较大，土质较软
溶蚀准平原	岩溶盆地经过长期的溶蚀破坏，形成比较开阔的平原称溶蚀准平原。其上常有稀落低矮的残峰分布，地表为河流冲积层或石灰岩的风化残积物(红黏土)所覆盖，河流两旁或河床底部有时有石灰岩出露，地面分布着漏斗或落水洞，或有石芽出露地表。暗河时出时没，常见有地表塌陷及造成塌陷的土洞

表 1－12　冰川地貌分类

<table>
<tr><th colspan="2">地貌类型</th><th>成因与特征</th></tr>
<tr><td rowspan="3">冰蚀地貌</td><td>冰斗</td><td>在山谷或山坡低洼的地方，当气候变为严寒时，可能形成冰窝，经过冰川的刨蚀和冰胀作用，造成三面为陡崖包围的簸箕状的凹地，称为冰斗。
当气候变暖，冰窝中的冰川消失时，这时冰斗便积水成湖，称为冰斗湖。在高山地区称为天池。
当冰斗湖渐渐被三面陡崖的风化碎屑物所填充时，变成平坦的低湿地，有时形成沼泽地</td></tr>
<tr><td>幽谷</td><td>冰川移动的山谷称为幽谷。冰川的底蚀和侧蚀力量很强烈，因而幽谷两壁陡立，横剖面呈“U”字形，且具有明显的冰川擦痕及磨光面等特征，纵剖面往往成台阶状，坚硬的岩石则成为羊背石。
幽谷有主谷和支谷。由于冰川侵蚀力大，主谷加深的速度一般大于支谷，这样，主谷中的冰川就将支沟的尾部切去，形成高悬的支谷，称为悬谷。
冰蚀后的山脊常成尖鳍状，称为鳍脊；顶峰成尖角状，称为角峰</td></tr>
<tr><td>冰蚀凹地</td><td>由于冰川具有强大的挖掘能力，常在冰川移动的幽谷中挖掘成凹地，称为冰蚀凹地，冰川退缩后，凹地中的潴水成了冰川湖。有时冰川在前进的道路上沿途挖掘，形成一连串的凹地，潴水后称为串珠湖</td></tr>
<tr><td rowspan="6">冰碛地貌</td><td>冰碛丘陵</td><td>当冰川退缩时，冰碛物全部堆积下来，成为底冰碛。底冰碛的厚度可达数十米。当冰碛物堆积于冰期以前的丘陵上时，就形成了冰碛丘陵。当冰碛物的分布面积很广，就形成了坡度缓和呈波浪起伏的冰碛平原</td></tr>
<tr><td>终碛堤</td><td>在冰川尽头的地方，所有冰川搬运的物质全部堆积下来，形成堤坝状的堆积物，称为终碛堤。终碛堤是很复杂的。当冰川退缩时，终碛堤可能有数条，长度可达数百千米，其高度不超过数十米。终碛堤有时横越谷地，将谷地堵塞，在终碛堤和后退的冰川之间，形成了冰碛湖盆地</td></tr>
<tr><td>冰前扇地</td><td>从冰川末端往外，由冰川中融化形成的冰下水挟带了大量的泥砾和冰川研磨所形成的细泥，堆积在终碛堤的边缘，形成了向外扩展的、坡度愈向外愈平缓的扇形地，称为冰前扇地。冰前扇地具有宽广的平面，有时有大片的砂土覆盖，形成无数砂丘。冰前扇地上基岩埋藏不深，地下水很浅，河流在切割很浅的河谷中流动，水量很小，往往形成一片沼泽地</td></tr>
<tr><td>冰水阶地</td><td>大量的冰川中融化所形成的冰下水沿着深谷以巨大的流速奔腾，又一次切割原先堆积的冰碛物，形成冰水阶地。
谷地中，冰水阶地常分为好几层。河流流出谷地后，冰水阶地的形态常不清楚，只有在出口的地方较为明显</td></tr>
<tr><td>蛇堤</td><td>蛇堤是冰川接触堆积作用所形成的一种狭长形的高地。蛇堤常沿冰川流动方向延伸，具有对称的外形，顶部平缓而狭窄，宽高各数十米，而长达数百米至数十千米。在丘陵地区，蛇堤分布在高地斜坡上，外形上很像阶地。蛇堤常沿它的伸展方向形成个别的小丘</td></tr>
<tr><td>冰碛阜</td><td>绝大多数冰碛阜是在冰川边缘内侧的凹地中形成的，有些冰碛阜产生在为冰水堆积物所覆盖的大片冰面上。当大片冰面融化后，冰碛物塌陷，分裂为小丘，在小丘之间形成了洼地。冰碛阜上常有因冰块融化而塌陷成的锅穴，甚至还有尚未塌陷而保留的空洞</td></tr>
</table>

表 1 - 13　风成地貌分类

地貌类型	成因与特征
石漠	地面平坦，满布砾石或者是光秃的岩石露头，很少有植物和砂。它是风把砂和尘土吹走以后留下来的岩块，或者是古老的砾石滩，或者是基岩直接暴露地表所形成的。也称之为“戈壁滩”
沙漠	是风积的细砂广泛分布的地区。沙漠的面积往往非常广阔。沙漠中的砂多成起伏的砂丘，形态上成为波状地形
泥漠	沙漠中的黏土颗粒被雨水搬运到低洼的地方堆积下来，就形成了泥漠。泥漠地区一般地面平坦、植物稀少。由于这些低洼地往往含有大量盐分(氯化物、硫酸盐和碳酸盐等)，盐分吸水则膨胀，经常处于潮湿状态中，形成了盐沼泥漠。当盐沼泥漠干燥后就形成了龟裂地
风蚀盆地	在干旱地区，因风的吹蚀作用可将地面风化碎屑物吹走，从而形成宽广且轮廓不明显的洼地 风蚀盆地大多呈椭圆形成排分布，并向主要风向伸展，有时形成巨大的马蹄形洼地。风蚀盆地因常积水并含有大量的盐分，则成为盐湖
砂丘	在风力作用下形成具有一定形状的堆积体，又分为新月形砂丘、砂垄、砂地、岸堤砂丘等形式

第二节　第四纪松散堆积物

一、第四纪松散堆积物成因分类

第四纪松散堆积物是自然历史的产物，其特征与其成因有密切的关系，通常将成因和形成年代作为土质分类的标准，目前常规按成因划分的类型见表 1 - 14。

表 1 - 14　第四纪堆积物的成因类型

成因	成因类型	主导地质作用
风化残积	残积	物理、化学风化作用
重力堆积	坠积	较长期的重力作用
	崩塌堆积	短促间发生的重力破坏作用
	滑坡堆积	大型斜坡块体重力破坏作用
	土溜	小型斜坡块体表面的重力破坏作用
大陆流水堆积	坡积	斜坡上雨水、雪水间有重力的长期搬运、堆积作用
	洪积	短期内大量地表水流搬运、堆积作用
	冲积	长期的地表水流沿河谷搬运、堆积作用
	三角洲堆积(河、湖)	河水、湖水混合堆积作用
	湖泊堆积	浅水型的静水堆积作用
	沼泽堆积	潴水型的静水堆积作用
海水堆积	滨海堆积	海浪及岸流的堆积作用
	浅海堆积	浅海相动荡及静水的混合堆积作用
	深海堆积	深海相静水的堆积作用
	三角洲堆积(河、海)	河水、海水混合堆积作用

续表 1-14

成因	成因类型	主导地质作用
地下水堆积	泉水堆积 洞穴堆积	化学堆积作用及部分机械堆积作用 机械堆积作用及部分化学堆积作用
冰川堆积	冰碛堆积 冰水堆积 冰碛湖堆积	固体状态冰川的搬运、堆积作用 冰川中冰下水的搬运、堆积作用 冰川地区的静水堆积作用
风力堆积	风积 风-水堆积	风的搬运堆积作用 风的搬运堆积作用后来又经流水的搬运、堆积作用

二、主要的第四纪堆积物特征

受到各种营力条件的影响，第四纪堆积物呈现不同的堆积特征，详见表 1-15。

表 1-15 主要成因类型第四纪堆积物的特征

成因类型	堆积方式及条件	堆积物特征
残积	岩石经风化作用而残留在原地的碎屑堆积物	碎屑物自表部向深处逐渐由细变粗，其成分与母岩有关，一般不具层理，碎块多呈棱角状，土质不均，具有较大孔隙，厚度在山丘顶部较薄，低洼处较厚，厚度变化较大
坡积或崩积	风化碎屑物由雨水或融雪水沿斜坡搬运；或由本身的重力作用堆积	碎屑物岩性成分复杂，与高处的岩性组成有直接关系，从坡上往下逐渐变细，分选性差，层理不明显，厚度变化较大，厚度在斜坡较陡处较薄，坡脚地段较厚
洪积	由暂时性洪流将山区或高地的大量风化碎屑物携带至沟口或平缓地带堆积而成	颗粒具有一定的分选性，但往往大小混杂，碎屑多呈亚棱角状，洪积扇顶部颗粒较粗，层理紊乱呈交错状，透镜体及夹层较多，边缘处颗粒细，层理清楚，其厚度一般高山区或高地处较大，远处较小
冲积	由长期的地表水流搬运，在河流阶地、冲积平原和三角洲地带堆积	颗粒在河流上游较粗，向下游逐渐变细，分选性及磨圆度均好，层理清楚，除牛轭湖及某些河床相沉积外，厚度较稳定
冰积	由冰川融化携带的碎屑物堆积或沉积而成	粒度相差较大，无分选性，一般不具层理，因冰川形态和规模的差异，厚度变化大
淤积	在静水或缓慢的流水环境中沉积，并伴有生物、化学作用而成	颗粒以粉粒、黏粒为主，且含有一定数量的有机质或盐类，一般土质松软，有时为淤泥质黏性土、粉土与粉砂互层，具清晰的薄层理
风积	在干旱气候条件下，碎屑物被风吹扬，降落堆积而成	颗粒主要由粉粒或砂粒组成，土质均匀，质纯，孔隙大，结构松散

第三节　一般性土的分类和定名

根据土的成因、物理力学性质及其特殊性可划分为一般性土和特殊性土。一般性土划分为碎石土、砂土、粉土和黏性土，特殊性土划分为填土、软土、混合土、残积土和污染土。

一、一般性土的分类和定名

一般性土的分类和定名应符合下列规定：

(1)粒径大于2mm的颗粒质量超过总质量50%的土，应定名为碎石土，并按表1-16进一步分类。

表1-16　碎石土分类

土的名称	颗粒形状	颗粒级配
漂石	圆形及亚圆形为主	粒径大于200mm的颗粒质量超过总质量的50%
块石	棱角形为主	
卵石	圆形及亚圆形为主	粒径大于20mm的颗粒质量超过总质量的50%
碎石	棱角形为主	
圆砾	圆形及亚圆形为主	粒径大于2mm的颗粒质量超过总质量的50%
角砾	棱角形为主	

注：定名时，应根据颗粒级配由大到小以最先符合者确定。

(2)粒径大于2mm的颗粒质量不超过总质量的50%，粒径大于0.075mm的颗粒质量超过总质量50%的土，应定名为砂土，并按表1-17进一步分类。

表1-17　砂土分类

土的名称	颗粒级配
砾砂	粒径大于2mm的颗粒质量占总质量的25%～50%
粗砂	粒径大于0.5mm的颗粒质量超过总质量的50%
中砂	粒径大于0.25mm的颗粒质量超过总质量的50%
细砂	粒径大于0.075mm的颗粒质量超过总质量的85%
粉砂	粒径大于0.075mm的颗粒质量超过总质量的50%

注：定名时，应根据颗粒级配由大到小以最先符合者确定。

(3)粒径大于0.075mm的颗粒质量不超过总质量的50%，且塑性指数等于或小于10的土，应定名为粉土。

(4)塑性指数大于10的土应定名为黏性土。

黏性土应根据塑性指数分为粉质黏土和黏土。塑性指数大于10，且小于或等于17的土，应定名为粉质黏土；塑性指数大于17的土应定名为黏土。

(5)除按颗粒级配或塑性指数定名外，土的综合定名应符合下列规定：

①对特殊成因和年代的土类应结合其成因和年代特征定名。

②对特殊性土，应结合颗粒级配或塑性指数定名。

③对混合土，应冠以主要含有的土类定名。

④对同一土层中相间呈韵律沉积，当薄层与厚层的厚度比大于1/3时，宜定为"互层"；厚度比为1/10～1/3时，宜定为"夹层"；厚度比小于1/10的土层，且多次出现时，宜定为"夹薄层"。

⑤当土层厚度大于0.5m时，宜单独分层。

(6)土的鉴定应在现场描述的基础上，结合室内试验开土的记录和试验结果综合确定。土的描述应符合下列规定：

①碎石土应描述颗粒级配、颗粒形状、颗粒排列、母岩成分、风化程度、充填物的性质和充填程度、密实度等。

②砂土应描述颜色、矿物组成、颗粒级配、颗粒形状、黏粒含量、湿度、密实度等。

③粉土应描述颜色、包含物、湿度、密实度、摇震反应、光泽反应、干强度、韧性等。

④黏性土应描述颜色、状态、包含物、光泽反应、摇震反应、干强度、韧性、土层结构等。

⑤特殊性土除应描述上述相应土类规定的内容外，尚应描述其特殊成分和特殊性质，如对淤泥尚需描述嗅味，对填土尚需描述物质成分、堆积年代、密实度和厚度的均匀程度等。

⑥对具有互层、夹层、夹薄层特征的土，尚应描述各层的厚度和层理特征。

二、光泽反应、摇震反应、干强度和韧性的现场鉴别

1. 光泽反应

(1)方法：用刀切开土并抹过土面，观察其切面。

(2)评价：光滑程度，粗糙程度，光泽反应。

(3)判别：黏土，光滑，有油脂光泽，颗粒越细光泽越明显；粉质黏土，切面稍有光泽；粉土，无光泽，粗糙。

2. 摇震反应

(1)方法：把土搓成小球(天然含水量接近饱和的土)，放在手掌上左右摇晃，另一手震击该手，如土球表面有水渗出，并呈现光泽，但用手指捏土球时，水分与光泽很快消失。

(2)评价：迅速，中等，缓慢，无。

(3)判别：黏土，无；粉质黏土，缓慢；粉土，中等—迅速。

3. 韧性

(1)方法：把土搓成约3mm的土条(天然含水量略高于塑限)，再搓成土团二次搓条。

(2)评价：低、中、高。

(3)判别：黏土，能再次搓条，指压不碎；粉质黏土，可再揉成土团，手捏即碎裂；粉土，不能再搓成土团后重新搓条。

4. 干强度

(1)方法:将风干的小土球用手捏碎的程度。

(2)评价:极高,高,中等,低,很低,无。

(3)判别:黏土,捏不碎;粉质黏土,用力才能捏碎;粉土,易捏碎成粉末。

三、特殊土

特殊土包括有湿陷土、红黏土、软土、混合土、填土、多年冻土、膨胀岩土、盐渍岩土、残积土、污染土等。

(1)软土包括淤泥、淤泥质土、泥炭、泥炭质土。除一般描述外尚需进行嗅味、动植物腐化程度等的描述。

①淤泥或淤泥质土的肉眼鉴别特征:深灰色、灰色,有光泽,味臭,除腐殖质外尚含少量未完全分解的动植物体,浸水后水面出现气泡,干燥后体积收缩。

②泥炭质土:深灰色或黑色,有腥臭味,能看到未完全分解的植物结构,浸水体胀,易崩解,有植物残渣浮于水中,干缩现象明显。

③泥炭:除有泥炭质土的特征外,结构松散,土质很轻,暗无光泽,干缩现象极为明显。

(2)填土是人工堆填而成的土体。除一般描述外尚应描述物质成分、堆积年代、密实度和厚度的均匀程度等。

(3)残积土是岩石风化后残留在原地的碎屑堆积物形成的土。

(4)坡积土是位于山坡上方的碎屑物质,在流水或重力作用下运移到斜坡下方或坡麓处堆积形成的土。

(5)冲积土指河流冲积物上发育的土壤。广泛分布于世界各大河流泛滥地、冲积平原、三角洲,以及滨湖、滨海的低平地区。地面平坦,一般成土时间较短,发育层次不明显,土壤肥力较高。

第二章　岩石分类及野外鉴别

岩石是矿物的集合体，是构成地壳的最基本的单位。正确认识不同类型岩石的基本性质，对建筑物基础的稳定性、边坡稳定性评价和治理、建筑材料的选择都具有较重要的工程意义。同时，岩石是土的物质来源，了解不同类型岩石，对分析土的成因和性质也具有一定的指导意义。

岩石按成因可分为：岩浆岩、沉积岩和变质岩三大类。不同岩类的岩石，由于其生成环境不同，而具有不同的矿物成分、结构与构造。因此，可通过对矿物成分、结构和构造的分析来鉴别岩类。

1. 矿物成分特征

组成岩浆岩的矿物成分，根据颜色，可分为浅色矿物和深色矿物两类。浅色矿物有石英、正长石、斜长石及白云母等。深色矿物有黑云母、角闪石、辉石及橄榄石等。

组成沉积岩的矿物有碎屑物质、黏土矿物和化学沉积物。碎屑物质：由先成岩石经物理风化作用产生的碎屑物质组成(原生矿物的碎屑、岩石的碎屑、火山灰等)。黏土矿物：是一些由含铝硅酸盐类矿物的岩石，经化学风化作用形成的次生矿物。这类矿物的颗粒极细(<0.005mm)，具有很大的亲水性、可塑性及膨胀性。化学沉积矿物，是由纯化学作用或生物化学作用，从溶液中沉淀结晶产生的沉积矿物，如方解石、白云石、石膏、石盐、铁和锰的氧化物或氢氧化物等。

变质岩的矿物成分是其化学成分的直接反映。它既取决于原岩的成分特点，也与变质作用的类型和强度有关。所以原岩的成分是变质岩的物质基础，原岩的化学成分决定了变质岩可能出现何种矿物，如原岩为硅质石灰岩，其化学成分主要为 CaO、CO_2、SiO_2，经变质后形成的大理岩可能有方解石、石英和硅灰石，而绝不会出现红柱石一类含铝高的硅酸盐矿物(表 2-1)。

2. 结构特征

岩浆岩随着成岩的物理化学条件(如岩浆的温度、压力、黏度、冷却速度等)不同而呈现出全晶质结构、半晶质结构和非晶质(玻璃质)结构等现象。

沉积岩的结构按组成物质、颗粒大小及形状等方面的特点，一般分为碎屑结构、泥质结构、结晶结构及生物结构 4 种。

不同的原岩受到不同程度变质因素的影响而形成不同的变质岩。在结构上常与原岩有着千丝万缕的联系，既有继承性又有独特性，呈现出变晶结构、变余结构和碎裂结构等现象。

3. 构造特征

岩浆岩结构主要表现在结晶的完全程度、颗粒的相对大小和绝对大小、结晶自形程度和形态特征、岩石中各矿物间的相互关系等。侵入岩具块状构造，喷出岩具流纹状构造、气孔状构造、杏仁状构造。

表 2－1　不同原岩在变质作用下出现的矿物成分

<table>
<tr><th rowspan="2">系列</th><th rowspan="2">原岩类型</th><th rowspan="2">化学成分特征</th><th colspan="2">矿物成分</th></tr>
<tr><th>常见矿物</th><th>特征矿物</th></tr>
<tr><td>富铝系列</td><td>泥质沉积岩(黏土岩、页岩等)</td><td>富铝、贫钙 $Al_2O_3/(K_2O+Na_2O)$ 比值高，$K_2O>Na_2O$</td><td>石英、酸性斜长石、绿泥石、绢云母、黑云母、白云母</td><td>铁铝榴石、硬绿泥石、蓝晶石、红柱石、矽线石、堇青石</td></tr>
<tr><td>长英质系列</td><td>各种砂岩、粉砂岩、中酸性岩浆岩(包括火山碎屑岩)</td><td>基本同前一点，但 Al_2O_3 较低，SiO_2 较高</td><td>基本同上，但石英、长石等含量可较高</td><td>上列特征矿物出现较少或不出现</td></tr>
<tr><td>碳酸盐系列</td><td>各种石灰岩及白云岩等</td><td>富 CaO、MgO；Al_2O_3、FeO、SiO_2 等含量低且变化极大</td><td colspan="2">方解石、白云石为主，按所含杂质不同，可出现各种不同的钙镁的硅酸盐或铝硅酸盐，如滑石、蛇纹石、镁橄榄石、透闪石、透辉石、硅灰石、方柱石、金云母、符山石、钙铝榴石、黝帘石、斜长石等</td></tr>
<tr><td>基性系列</td><td>基性岩浆岩(包括火山碎屑岩)及铁质白云质泥灰岩</td><td>与基性岩浆岩相当，富钙、镁、铁。含一定量的 Al_2O_3，贫 K_2O、Na_2O</td><td colspan="2">各种斜长石、石英、绿帘石、绿泥石、蛇纹石、阳起石、普通角闪石、透辉石及紫苏辉石等，有时还出现方柱石、铁铝榴石等</td></tr>
<tr><td>超基性系列</td><td>超基性岩浆岩及一些极富镁的沉积岩</td><td>富镁，贫钙、铝和硅</td><td colspan="2">滑石、蛇纹石、透闪石、镁铁闪石、镁铝榴石、橄榄石、尖晶石、顽火辉石、菱镁矿及碳酸盐等</td></tr>
</table>

沉积岩最典型的构造特征是具有层理。沿垂直方向观察这种层状构造可以发现，由于矿物成分、结构或颜色的不同而表现出成层性。沉积岩的另一个重要的构造类型是有层面构造，既在岩层表面有波痕、泥裂、槽模、沟模等机械成因的各种不平坦的沉积构造痕迹；还有化学成因的晶体印模、结核以及生物成因的生物遗骸等。

由于原岩变质作用的环境、方式和强度不同，变质岩构造可分为变余构造(残留构造)和变成构造，常见的有变余层理构造、变余杏仁构造、变余枕状构造、变余流纹构造、定向构造、无定向构造等。

第一节　岩浆岩的鉴定

一、岩浆岩的分类

岩浆岩分类的基本依据是：岩石的化学成分、矿物成分、结构、构造、形成条件和产状等。岩浆岩中的矿物成分反映了该岩浆岩的化学性质，其中二氧化硅的含量具有决定性的作用。根据化学成分(主要是 SiO_2 的含量)和矿物成分，可将岩浆岩划分为酸性岩、中性岩、基性岩和超基性岩四大类。进一步综合考虑岩石的结构、构造及其成因、产状等因素，每一大类又可分成深成、浅成、喷出等各种不同的岩石，如表 2－2 所示。

二、岩浆岩的鉴定

对岩浆岩手标本的观察，一般是观察岩石的颜色、结构、构造、矿物成分及其含量，最后确定岩石名称。

表 2-2　岩浆岩分类

<table>
<tr><td colspan="2">酸度</td><td colspan="2">超基性岩</td><td colspan="2">基性岩</td><td colspan="4">中性岩</td><td colspan="2">酸性岩</td></tr>
<tr><td colspan="2">碱度</td><td>钙碱性</td><td>偏碱性</td><td>钙碱性</td><td>碱性</td><td>钙碱性</td><td colspan="2">碱性</td><td>过碱性</td><td>钙碱性</td><td>碱性</td></tr>
<tr><td colspan="2">岩石类型</td><td>橄榄岩—苦橄岩类</td><td>金伯利岩类</td><td>辉长岩—玄武岩类</td><td>碱性辉长岩—碱性玄武岩类</td><td>闪长岩—安山岩类</td><td colspan="3">正长岩—粗面岩类</td><td>霞石正长岩—响岩类</td><td>花岗岩—流纹岩类</td></tr>
<tr><td colspan="2">SiO_2 含量(%)</td><td colspan="2"><45</td><td colspan="2">45～53</td><td colspan="4">53～66</td><td colspan="2">>66</td></tr>
<tr><td colspan="2">长石种类及含量</td><td colspan="2">不含</td><td>基性斜长石为主</td><td>碱性长石、基性斜长石</td><td>中长石为主,可含碱性长石</td><td>碱性长石为主,可含中长石</td><td>碱性长石</td><td>碱性长石</td><td>碱性长石、中酸性斜长石</td><td>碱性长石</td></tr>
<tr><td colspan="2">铁镁矿物种类</td><td>橄榄石、辉石为主,角闪石次之</td><td>橄榄石、透辉石、镁铝榴石、金云母</td><td>辉石为主,可含橄榄石、角闪石</td><td>单斜辉石为主(含钛普通辉石、碱性辉石),橄榄石常见</td><td>角闪石为主,辉石、黑云母次之</td><td colspan="3">碱性辉石、碱性角闪石为主,富铁黑云母次之</td><td>黑云母为主,角闪石次之,辉石很少</td><td>碱性角闪石富铁黑云母为主,碱性辉石次之</td></tr>
<tr><td colspan="2">色率</td><td colspan="2">>90</td><td colspan="2">40～90</td><td colspan="4">15～40</td><td colspan="2"><15</td></tr>
<tr><td rowspan="2">代表性侵入岩</td><td>深成岩(中粗粒、似斑状)</td><td>纯橄榄岩、橄榄岩、二辉橄榄岩、辉石岩</td><td></td><td>辉长岩、苏长岩、斜长岩</td><td>碱性辉长岩</td><td>闪长岩</td><td>正长岩</td><td>碱性正长岩</td><td>霞石正长岩</td><td>花岗岩
花岗闪长岩</td><td>碱性花岗岩</td></tr>
<tr><td>浅成岩细粒、斑状</td><td>苦橄玢岩</td><td>金伯利岩</td><td>辉绿岩</td><td>碱性辉绿岩</td><td>闪长玢岩</td><td colspan="2">正长斑岩</td><td>霞石正长岩</td><td>花岗岩
花岗闪长岩</td><td>霓细花岗岩</td></tr>
<tr><td colspan="2">代表性喷出岩</td><td>苦橄岩、玻基纯橄岩、科马提岩</td><td></td><td>玄武岩</td><td>碱性玄武岩</td><td>安山岩</td><td>粗面岩</td><td>碱性粗面岩</td><td>响岩</td><td>流纹岩、英安岩</td><td>碱性流纹岩</td></tr>
</table>

1. 颜色

暗色矿物含量是决定岩石颜色的主要因素之一。含暗色矿物越多、颜色越深的一般为超基性或基性岩;含暗色矿物少、颜色较浅的一般为酸性或中性岩。同时,岩石的颜色还与岩石结晶程度有关。一般隐晶质结构的岩石,要比具有相同成分的粒度较粗的结晶岩石颜色深。

根据深色矿物的含量比(色率)将岩浆岩分为 4 类。

(1)色率 90%～100%属于暗深色岩,为超基性岩类。

(2)色率 65%～90%属于深色岩,为基性岩类。

(3)色率 35%～65%属于中色岩,为中性岩类。

(4)色率 0～35%属于浅色岩,为酸性岩类。

岩石的颜色反映了矿物成分及其含量,是岩石分类命名的直观依据。但需指出,在估计暗色矿物含量时,易产生肉眼视觉上的误差。浅色矿物覆于暗色矿物之上时,由于它的透明性,易把它看成暗色矿物,故对暗色矿物含量的估计,往往偏高。另尚要注意次生变化的颜色的影响。

2. 矿物成分

按照矿物在岩浆岩中的含量和在岩浆岩分类中的作用,可分为主要矿物、次要矿物和副矿物 3 类。

(1)主要矿物:指在岩石中含量多,并在确定岩石大类名称上起主要作用的矿物。例如一般花岗岩的主要矿物是石英和长石。没有石英或石英含量不够,则岩石为正长岩类;没有长石则为石英岩或脉石英。所以对花岗岩来说,石英和长石都是主要矿物。

(2)次要矿物:指在岩石中含量少于主要矿物的矿物。对于划分岩石大类虽不起作用,但对确定岩石种属起一定作用的矿物,含量一般小于15%。如闪长岩类中,石英是次要矿物。闪长岩中有石英可称石英闪长岩,无石英,或石英含量小于5%,则称闪长岩,但二者均属闪长岩类。

(3)副矿物:在岩石中含量很少,通常不到1%。因此,在一般岩石分类命名中不起作用。

矿物成分及其含量是岩浆岩定名的重要依据。岩石中凡能用肉眼识别的矿物均要进行描述。首先要描述主要矿物的成分、形状、大小、物理性质及其相对含量,其次对次要矿物也要作简单描述。

3. 结构和构造

岩浆岩的结构、构造,不仅是区别沉积岩和变质岩的重要特征,而且也是分析岩浆岩生成环境的依据。岩浆岩的结构是指组成岩石的矿物等的结晶程度、颗粒大小、矿物形态、自形程度及其相互关系,根据不同的划分依据,岩浆岩的结构类型划分如表2-3所示。

表2-3　岩浆岩的结构类型

<table>
<tr><th>划分依据</th><th>结构类型</th><th colspan="3">特征</th><th>代表岩性</th></tr>
<tr><td rowspan="3">岩石结晶程度</td><td>全晶质结构</td><td colspan="3">岩石全部由矿物的晶体所组成的一种结构,多见深成岩</td><td>花岗岩、正长岩、闪长岩、辉长岩等深成岩</td></tr>
<tr><td>半晶质结构</td><td colspan="3">岩石中既有矿物晶体,又有玻璃物质</td><td>花岗斑岩、石英斑岩、正长斑岩、玢岩等浅成岩和喷出岩</td></tr>
<tr><td>玻璃质结构</td><td colspan="3">岩石全部由玻璃物质组成</td><td>黑曜岩、流纹岩等喷出岩</td></tr>
<tr><td rowspan="6">矿物颗粒的粒度和肉眼可辨别的程度</td><td rowspan="4">显晶质结构</td><td rowspan="4">矿物颗粒在肉眼下是可以分辨的</td><td>粗粒</td><td>颗粒直径>5mm</td><td rowspan="2">花岗岩、闪长岩、辉长岩等深成岩</td></tr>
<tr><td>中粒</td><td>颗粒直径5～2mm</td></tr>
<tr><td>细粒</td><td>颗粒直径2～0.2mm</td><td rowspan="2">闪长玢岩、安山岩等浅成岩或喷出岩</td></tr>
<tr><td>微粒</td><td>颗粒直径<0.2mm</td></tr>
<tr><td>隐晶质结构</td><td colspan="3">矿物颗粒非常细小,肉眼下不可分辨,显微镜下可看出晶粒</td><td>流纹岩、玄武岩等喷出岩</td></tr>
<tr><td>非晶质结构</td><td colspan="3">不结晶的玻璃质,即在显微镜下也看不到晶粒</td><td>花岗斑岩、正长斑岩、流纹岩、安山岩等浅成岩或喷出岩</td></tr>
<tr><td rowspan="4">按矿物自形程度</td><td>等粒结构</td><td colspan="3">岩石中同种主要矿物颗粒大小大致相等</td><td>常见于侵入岩中</td></tr>
<tr><td>不等粒结构</td><td colspan="3">岩石中主要矿物颗粒大小不等</td><td>常见于浅成侵入岩中</td></tr>
<tr><td>斑状结构</td><td colspan="3">组成岩石的矿物颗粒大小相差悬殊,大的颗粒散布于细小的颗粒(基质)之中,基质为隐晶质及玻璃质</td><td>花岗斑岩</td></tr>
<tr><td>似斑状结构</td><td colspan="3">组成岩石的矿物颗粒大小相差悬殊,大的颗粒散布于细小的颗粒(基质)之中,基质为显晶质</td><td>含斑二长花岗岩</td></tr>
<tr><td rowspan="2">彼此间的相互关系</td><td>交生结构</td><td colspan="4">即矿物颗粒彼此嵌布生长在一起,如文象结构、条纹结构、蠕虫结构、嵌晶结构、含长结构等</td></tr>
<tr><td>反应结构</td><td colspan="4">是早期结晶的矿物与残留岩浆相反应而形成的一些结构,如反应边结构、暗反边结构和溶蚀港湾结构、环带结构等</td></tr>
</table>

岩浆岩的构造是指岩石中矿物集合体之间或矿物集合体与其他组成部分(如玻璃质)之间的排列、充填方式等相互关系的特征,表 2-4 是岩浆岩的构造类型。

表 2-4 岩浆岩的构造类型

构造名称	基本特点
块状构造	矿物排列完全没有次序,各方面均匀地充满空间,表现致密且无层次,如花岗岩、辉长岩等
斑杂构造	是由岩石的不同组成部分中结构上或成分上的差异造成的,因此,它们无论在颜色上和粒度上都不均一,呈现出斑驳陆离的外貌,这是由不均一的岩浆分异造成或是因同化混染作用而成
带状构造(堆积构造)	是由岩石各部分成分或粒度的差异造成,是斑杂构造的特殊变种,而不同的只是方向性,即是由不同成分或粒度相间带状分布而成。这种构造是由岩浆的脉动侵入和重力分异造成,常见于层状辉长岩中
球状构造	是由一些矿物围绕某些中心呈同心层状分布而成的一种构造,如球状花岗岩、球状流纹岩、球状辉长岩等
气孔和杏仁构造	气孔构造是岩浆喷溢地表时,其中所含挥发分逸散后留下的孔洞形成的。这些孔洞被后来的物质充填形成杏仁者称杏仁构造。常见于喷出岩中
流纹构造	由不同颜色条纹所反映出来的熔岩流的流动构造,常见于流纹岩、英安岩和粗面岩中
流面流线构造	在岩浆岩中,如有片状、板状矿物和扁平的析离体、捕虏体平行定向排列时,即构成流面或流层构造;若长柱状和针状矿物平行定向分布时即构成流线构造。这种构造多分布在岩体边部,表明曾有流动现象发生
原生片麻构造	有些矿物呈似定向分布,与片麻构造相似,但二者结构不同。形成这种构造是由于凝固的侵入体受到较强机械力的结果,而物质组合并未发生明显的位移。这种构造多见于侵入体的边缘

三、岩浆岩的特征

常见岩浆岩的特征如表 2-5 所示。

表 2-5 常见岩浆岩特征表

序号	岩石名称	颜色	矿物成分	结构特征	构造	鉴别特征	生成环境
1	花岗岩	肉红色、浅黄色、灰白色	石英、正长石、斜长石为主,黑云母、角闪石少量	全晶质、粒状	块状	含大量正长石、石英,质地坚硬	深成侵入岩
2	正长岩	浅红色、浅黄色或灰白色	正长石、斜长石为主,角闪石、黑云母次之	全晶质、粒状	块状	与花岗岩的区别是不含或含有少量石英	
3	闪长岩	灰色、灰绿色和灰黑色	斜长石、角闪石为主	全晶质、粒状	块状	斜长石晶形多为板状及粒状,角闪石为长柱状或针状	
4	辉长岩	深灰色、深绿色或黑色	斜长石、辉石为主,少量橄榄石、角闪石、黑云母等	全晶质、粒状或辉长结构	块状	斜长石多呈厚板状及鲕粒状,聚片双晶发育	深成侵入岩
5	花岗斑岩	浅红色、灰红色等浅色	石英、正长石、斜长石为主,黑云母、角闪石少量	斑状结构,斑晶为正长石	块状	结构上可与花岗岩区别	浅成侵入岩

续表 2-5

序号	岩石名称	颜色	矿物成分	结构特征	构造	鉴别特征	生成环境
6	辉绿岩	暗绿色或灰绿色	斜长石、辉石为主，少量橄榄石、角闪石、黑云母等	细粒或中粒结构、辉绿结构	块状	特殊结构	浅成侵入岩
7	流纹岩	浅红色、浅黄色、灰紫色或棕色	石英、正长石、斜长石为主，黑云母、角闪石少量	斑状结构，斑晶为细小的石英或长石	流纹状、气孔状	流纹状构造	
8	安山岩	灰色、红色、棕色、绿色等	斜长石、角闪石为主	斑状结构，斑晶多为斜长石，有时为角闪石	块状、气孔状、杏仁状	特征与玄武岩相似，但颜色较浅，多为灰色、灰绿色	喷出岩
9	玄武岩	深灰色、黑色、墨绿色、暗紫色	斜长石、辉石为主，少量橄榄石、角闪石、黑云母等	斑状、细粒或隐晶质结构，斑晶多为斜长石，有时见辉石斑晶	气孔状、杏仁状	气孔状、杏仁状最发育，岩体中垂直节理发育	

四、岩浆岩的命名

根据岩石的颜色和主要、次要矿物成分含量及结构构造详细定名。一般采用附加修饰词＋基本名称结构名称。岩石的基本名称是岩石分类命名的基本单元，它反映岩石的基本属性及在分类系统中的位置和特点，如辉长岩、闪长岩、花岗岩等。附加修饰词可以是矿物名称（如黑云母花岗岩）、结构术语（如斑状花岗岩）、化学术语（如富锶花岗岩）、成因术语（如深熔花岗岩）、构造术语（如造山期后花岗岩），或者使用者认为是有用的或合适的并能被普遍认可的其他术语。总之，要视研究地区的具体情况而定，以能区分不同岩石种属，有利于地质调查及找矿等为原则。其他详细规定见《岩石分类和命名方案　火成岩岩石分类和命名方案》(GB/T 17412.1)规定。

第二节　沉积岩的鉴定

一、沉积岩的特征

沉积岩是在地表和地表下一定深度范围内形成的地质体，一般是在常温常压条件下，由风化作用、生物作用和某些火山作用产生的物质，经搬运、沉积和成岩等一系列地质作用而形成的。各类沉积岩由于形成条件不同，其颜色、结构、构造和矿物成分亦不同，因此，反映出的特征也不相同。这些特征是鉴定沉积岩的主要标志。

1. 颜色

颜色是沉积岩的一个重要待征。通过沉积岩颜色推断沉积岩形成的沉积环境和物质来源，可用来恢复古沉积环境水介质的氧化还原条件。根据沉积岩颜色的不同成因，可将其颜色分为下列几种。

继承色：碎屑岩的颜色常取决于其中碎屑颗粒的颜色，是母岩的机械风化产物，其颜色是继承了原生母岩的颜色。

原生色：黏土岩和化学岩的颜色主要取决于在沉积物成岩阶段形成的矿物及其他杂质。

次生色：沉积岩形成之后，如果长期暴露在地表环境经受风化，某些成分发生变化，形成新的矿物（又称次生矿物），也会导致岩石的颜色发生改变。

在对沉积岩的颜色进行观察时，应该寻找岩石的新鲜断面，观察岩石的原生色。例如：红色一般代表干旱氧化环境，在沉积物中同时沉淀了含水氧化铁的色素物质，使沉积物呈现褐黄色；在成岩后期含水氧化铁因脱水由低价铁离子转化为高价铁离子 Fe^{3+}，使沉积物呈现红色。绿色代表多半是那些含有 Fe^{2+} 和 Fe^{3+} 的硅酸盐类矿物，如海绿石、绿泥石等，处于弱氧化或弱还原的环境条件下所呈现出的颜色。灰色代表弱还原条件，灰黑色代表潮湿还原环境，尤其以泥页岩为关键，是因含有机质（如碳质、沥青质）或硫化物等所呈现出的颜色。

2. 矿物成分

沉积岩中的常见矿物有 20 多种，各类沉积岩中的矿物成分有较大差别。按其成因一般可以分为 3 类：陆源碎屑成分、自生矿物、次生矿物。

（1）陆源碎屑成分：陆源碎屑成分主要包括石英、长石、岩屑及各种轻重矿物，实质上是岩层物理风化和化学分解作用的残余物，同时也是分析物源区岩石类型的直接依据。

（2）自生矿物：是指沉积岩形成过程中，母岩分解出的化学物质沉积形成的矿物及成岩作用过程中生成的矿物。

（3）次生矿物：是沉积岩遭受风化作用而形成的矿物，如碎屑长石风化而成的高岭石。

3. 结构与构造

沉积岩的结构是指沉积岩中各组成部分的形态、大小及结合方式。常见的结构有以机械沉积为主的碎屑结构、泥状结构，以化学沉积为主的化学结构，介于两者之间的泥质结构及以生物沉积为主的生物结构（表 2－6）。

表 2－6　沉积岩分类表

分类	结构特征		岩石名称	岩石亚类
碎屑岩类	碎屑结构	砾状结构 $d>2.0$mm	砾岩	砾岩（磨圆度高，浑圆状）；角砾岩（磨圆度低，棱角状）
		砂状结构 $d=2.0\sim0.05$mm	砂岩	石英砂岩（颗粒成分中石英>90%）
				长石砂岩（颗粒成分中长石>25%）
				杂砂岩（石英 25%～50%），长石（15%～25%）及暗色碎屑
		粉砂状结构 $d=0.05\sim0.005$mm	粉砂岩	粉砂岩（石英、长石及黏土矿物）
黏土岩类	泥状结构 $d<0.005$mm		泥岩	碳质泥岩，钙质泥岩，硅质泥岩
			页岩	碳质页岩，钙质页岩，硅质页岩
化学及生物化学岩类	化学结构或生物结构		硅质岩	燧石（岩），燧石结核，条带状燧石层
			碳酸盐岩	石灰岩（方解石 90%，100%）
				白云岩（白云石 90%，100%）
				泥灰岩（黏土 25%～50%），泥质白云岩（黏土 25%～50%）

沉积岩的构造是岩石成分和结构的不均一性所引起岩石在宏观上的特征。常见的构造如表 2－7 所示。

表 2－7　沉积岩构造的分类表

物理成因构造			化学成因构造	生物成因构造	复合成因构造
流动成因构造	同生变形构造	暴露成因构造			
1.水平层理	1.重荷模	1.干裂	1.结核	1.生物化石	1.示底构造
2.波状层理	2.球状、枕状	2.龟裂	2.缝合线	2.生物礁	2.鸟眼构造
3.平行层理	3.火焰构造	3.雨痕	3.叠堆	3.叠层石	3.窗孔构造
4.交错层理	4.包卷层理	4.冰雹痕	4.晶体印痕	4.根土岩	4.层状空隙构造
5.递变层理	5.滑陷构造	5.泡沫痕	5.成岩层理		5.硬底构造
6.韵律层理	6.碎屑岩脉				6.喀斯特构造
7.块状层理					

4.胶结物

胶结物是碎屑岩在沉积、成岩阶段，以化学沉淀方式从胶体或真溶液中沉淀出来，充填在碎屑颗粒之间的各种自生矿物。沉积岩常见的胶结物详见表 2－8。

表 2－8　沉积岩常见的胶结物特征

胶结物	主要矿物成分	常见颜色	牢固程度	其他特征
硅质	石英、蛋白石、玉髓、海绿石	乳白色、灰白色、黑绿色	坚硬	岩石强度高，硬度大，难溶于水
钙质	方解石、白云石	白色、灰白色、淡黄色、微红色	中等	可与稀盐酸作用，产生气泡
泥质	高岭石、蒙脱石、水云母	泥黄色、黄褐色	差	岩石质地松软，遇水易软化或泥化
铁 质	赤铁矿、褐铁矿	红褐色、黄褐色、棕红色	较坚硬	强度较高，遇水遇氧易风化
石膏质	石膏	白色、灰白色	较差	强度低，长期浸水可被溶蚀
碳质	有机质	黑色、黑绿色	差	岩石强度低，遇水易泥化

二、沉积岩的定名

根据岩石的颜色和主要、次要矿物成分含量及结构构造详细定名。一般采用附加修饰词＋基本名称。根据《岩石分类和命名方案沉积岩岩石分类和命名方案》(GB/T 17412.2)规定，沉积岩中内源矿物量或陆源碎屑物量大于 50％或能反映岩石基本特征和基本属性者，为确定岩石基本名称的依据。岩石中有用组分具开采利用价值，按现行矿业工业指标的具体规定，并换算为相应的矿物百分含量，确定基本名称。

次要矿物作为附加修饰词时，有如下规定：

(1)次要矿物量小于 5％，不参与命名。当具特殊地质意义时，以微含××质作为附加修饰词。

(2)次要矿物量为5%～25%时，以含××质作为附加修饰词。

(3)次要矿物量为25%～50%时，以××质作为附加修饰词。

在野外工作中，对实际露头的沉积岩，应具体描述岩层厚度(按单层)。通常规定的岩层厚度标准如表2-9所示。

表2-9　沉积岩岩层厚度标准列表

岩层厚度	细微层	中层	薄层	中厚层	厚层	巨厚层
厚度(cm)	<0.2	0.2～2	2～10	10～50	50～100	>100

碎屑岩类的命名格式为"颜色+构造(层厚)+胶结物+结构+成分及基本名称"，如紫红色中厚层钙质细粒石英砂岩；黏土岩类因成分很难用肉眼鉴别，故常按其构造和胶结程度来命名，其命名格式为"颜色+黏土矿物+混入物及基本名称"，如砖红色钙质泥岩；化学及生物化学岩类的综合描述常依据化学结晶的程度，对胶结物，除硅质外一般不参加描述，而是把它们列为成分含量比作为定名的依据，其命名格式为"颜色+构造+结构(含石生物化石)+成分及基本名称"，如浅灰色中厚层细晶灰岩，浅黄色巨厚层粗晶白云岩。

其他详细定名参见《岩石分类和命名方案　沉积岩岩石分类和命名方案》。

三、常见沉积岩的特征

常见沉积岩的特征如表2-10所示。

表2-10　常见沉积岩特征表

分类	岩石名称	物质成分	结构	颜色	其他特征
火山碎屑岩类	凝灰岩	熔岩或围岩的碎块，常含有矿物晶体，如石英、长石、云母等	碎屑结构	常为紫红色、灰绿色等	火山碎屑物，小于2mm，外貌很像细砂岩，但颜色不同
	火山角砾岩	熔岩角砾	碎屑结构	常为灰色、黄色、绿色、红色等	一般为2～100mm，为棱角状，无任何分选性，为凝灰质胶结，常与火山岩共生
	火山集块岩	火山碎屑	碎屑结构	常为灰色、黄色、绿色、红色等，但多为浅色	碎屑一般大于100mm，砾石多为纺锤形，如火山弹堆积，一般没经流水搬运。胶结物多为火山灰及一些细小的碎屑
正常碎屑岩类	砾岩、角砾岩	主要为岩屑，其次为矿物碎屑	碎屑结构，呈浑圆状和棱角状	常由胶结物的具体成分所决定	50%以上的碎屑大于2mm，胶结物有钙质、石膏、黏土、二氧化硅、铁的含水氧化物、地沥青
	石英砂岩	石英，少量的长石及碎石	砂状结构	白色	碎屑的磨圆度及分选性较好，胶结物大部分为硅质，有些碳酸盐、铁质、磷酸盐
	长石砂岩	主要由长石(30%)和石英(30%～60%)，还有细晶岩、花岗岩、页岩与粉砂岩屑等	砂状结构	灰白色、浅黄色、肉红色等	碎屑呈棱角状和圆棱状，中等分选度，胶结物常为钙质或氧化铁，有时为黏土质胶结，而氧化硅少

续表 2-10

分类	岩石名称	物质成分	结构	颜色	其他特征
正常碎屑岩类	杂砂岩	含有多种岩屑，主要为粉泥质岩屑和低变质岩屑，酸性火山岩屑亦常见，石英含量高达1/4～1/3，含少量云母	砂状结构	暗色	胶结物主要是黏土物质，分选不好，碎屑的磨圆度差
	粗砂岩	石英为主	砂状结构		颗粒直径2～2.5mm，颗粒均匀
	细砂岩	石英为主	砂状结构		颗粒直径0.25～0.05mm，颗粒均匀
	粉砂岩	石英为主	砂状结构		颗粒直径0.05～0.005mm，碎屑多为棱角状，胶结物多为胶体物质，常具有薄的水平层理，很少具有斜层理
黏土岩类	高岭石黏土	主要为高岭石(90%以上)，其他还混入黄铁矿、菱铁矿、石英、长石等	泥质结构、鲕状结构	白色、淡灰色、淡黄色	致密状，性脆，有滑感，加水成可塑
	蒙脱石黏土(膨润土)	主要为蒙脱石	泥质结构	白色、淡黄色、淡绿色	化学成分不稳定，含较多的MgO、CaO，加酸起泡，有滑感，水浸后强烈膨胀
	页岩	高岭土、石英、云母、绿泥石及其他云母矿物	泥质结构、粉砂泥质结构、砂泥质结构	浅绿色、淡灰色、浅黑色、浅黄色、褐色、浅红色	有土味，无光泽，呈致密状，具有沿层理面分裂成薄片或页片的性质。加HCl强烈起泡的为钙质页岩；坚硬致密的为硅质页岩；呈黑色不污手的为黑页岩；黑色能污手的为碳质页岩；不污手，用刀片刮之可成为连续的刨花状，用火烧之有煤油气味的为油页岩
化学岩及生物化学岩类	泥灰岩	黏土与石灰质的混合物，碳酸钙多在50%以上	隐晶质结构、微粒结构	白色、浅黄色、浅褐色、浅红色、浅绿色、黑杂色	加稀盐酸起泡，反应后残留下有泥点，有黏土味，易风化
	石灰岩	方解石为主	结晶粒状结构、生物结构、碎屑结构、鲕状结构	白色、浅黄色、浅灰色等	产状呈层状，遇HCl起泡。按成因与结构特点可分为生物灰岩、碎屑灰岩、化学石灰岩等
	白云岩	白云石为主	隐晶质结构、生物结构、碎屑结构	白色、黄色、浅褐色、灰色、浅绿色、黑色	遇冷盐酸不起泡或微起泡
	硅藻土	由硅藻类及部分放射虫类的骨骼和海绵骨针组成	生物结构	白色、浅黄色	岩石质轻，多孔，胶结不紧，具粗糙感而无黏性和可塑性
	燧石	由蛋白石、玉髓、石英等组成	隐晶质结构	颜色多种	致密、坚硬，用钢铁敲击则生火花，破裂后呈贝状断口，有带状构造

第三节　变质岩的鉴定

一、变质岩的特征

变质岩的结构构造和化学成分、矿物成分，是变质岩的最基本的特征，是恢复原岩、再造变质作用历史及岩石分类命名的依据。鉴定变质岩，可先分析变质岩的构造，再观察主要矿物成分和特征矿物，最后确定岩石名称。

1. 变质岩的结构

常见的变质岩结构有以下 4 种类型：

变余结构顾名思义是变质作用不彻底，留下了原来岩石的一些面貌而得名。比如沉积形成的砂砾岩，变质后还保留着砾石和砂粒的外形。有时甚至砾石成分发生了变化，其轮廓仍然很清楚。

变晶结构是一种因变质作用使矿物重结晶所形成的结构。根据变质岩中矿物晶形的完整程度和形状，划分出鳞片变晶结构、纤维变晶结构和粒状变晶结构。变晶矿物呈片状，沿一定方向排列形成鳞片变晶结构；纤维变晶结构是纤维状、柱状变晶呈定向排列，形成片理；粒状变晶结构是由粒状矿物组成的结构。

交代结构是指矿物或矿物集合体被另外一种矿物或矿物集合体所取代形成的一种结构。矿物之间的取代常常引起物质成分的变化，矿物集合体的取代过程不仅会造成物质成分的改变，还会引起结构的重新组合。如果交代作用进行得不完全，就会留下原生矿物的残余；如果交代彻底，被交代的原生矿物只能留有假象，矿物本身已经完全变成另一种成分了。

变形结构与变形作用有关，分脆性变形和韧性变形两类：当所施压力大于矿物或岩石的弹性极限时，矿物或岩石会破碎或裂开，这是产生脆性变形的结果；如果岩石所受压力超过塑性弯曲强度时，岩石就会发生褶皱、扭曲等变化，但不会被折断，这种变形被称为塑性变形。

2. 变质岩的构造

变质岩的构造主要有两大类型：块状构造和定向性构造。

所谓块状构造，是指矿物或矿物集合体在岩石中排列无顺序，呈均匀地分布。一般原岩是块状的岩石，如岩浆岩、砂岩、石灰岩变质后仍然保持块状构造。接触变质岩形成的角岩，常由于流体扩散造成局部富集形成斑点构造和瘤状构造，矿物颗粒也在一定程度上呈均匀分布，所以也属于块状构造。而定向性构造，是指片状、柱状或者纤维状有延长性的矿物，平行排列形成的一种构造。这种构造有时表现得像一本书，产生一系列近平行或弯曲的面，称为面状构造，也叫面理；有时表现得像一捆铅笔，是呈线状的矿物近乎平行排列形成的线状构造，也叫线理；在变质岩中，面理和线理常常同时出现。比如黑云母在纵向上看呈黑黑的一条线，表现为线状构造，但云母片在面上表现为平行排列，因此，又是面状构造。

岩石重结晶过程中形成的结晶片理是面状构造的一种类型，受重结晶程度控制。当变质程度不深、重结晶程度不高时，片理面呈绢丝光泽，叶片状矿物则定向排列，称为千枚状构造；如果矿物重结晶比较好，片状、柱状矿物平行排列，粒状矿物也被拉长或压扁，就形成了片状构造；如果粒状矿物和片状、柱状矿物相间排列，因粒状、片状、柱状矿物的颜色和形态不同而呈现出条带，称为条带状构造。这种构造因在片麻岩中比较常见，所以也称片麻状构造。

3. 主要矿物成分和特征矿物

若岩石中以浅色矿物为主，其中石英含量较多而长石含量较少或不含长石，通常为片岩，如石英片岩、云母片岩等。若岩石中以暗色矿物为主，且长石含量较多，通常为片麻岩，如角闪斜长片麻岩、黑云母片麻岩等。

常见的变质矿物有红柱石、矽线石、蓝晶石、黄玉、石榴石、硅灰石、绿泥石、绿帘石、绢云母、滑石、蛇纹石、石墨等。这些矿物具有变质分带指示作用，例如，绿泥石、绢云母多出现在浅变质带，蓝晶石代表中变质带，而矽线石则代表深变质带。这类矿物称为标准变质矿物。

二、变质岩的命名与分类

变质岩与其他种类岩石最明显的区别是具有特殊的构造、结构和变质矿物。变质岩的分类命名较复杂，一般可采用以下原则：区域变质岩主要根据岩石的构造来分类命名，块状构造的变质岩主要根据矿物成分来分类命名，动力变质岩主要根据反映破碎程度的结构来分类命名，如表 2－11 所示。

表 2－11　变质岩分类表

<table>
<tr><th>变质作用</th><th colspan="2">结构构造</th><th>定名</th><th>主要矿物成分</th><th>其他特征</th></tr>
<tr><td rowspan="4">区域变质</td><td colspan="2">板状构造</td><td>板岩</td><td>黏土矿物、云母、绿泥石、石英、长石等</td><td>颜色为深灰色、黑色，变晶致密状，板面平滑，其上有时可见不同颜色的条带，敲之发出清脆声，主要由泥质岩受压变质而成</td></tr>
<tr><td colspan="2">千枚状构造</td><td>千枚岩</td><td>绢云母、石英、长石、绿泥石、方解石等</td><td>泥质结构</td></tr>
<tr><td colspan="2">片状构造</td><td>片岩</td><td>云母、绿泥石、滑石、角闪石、石榴石</td><td>片状(或针状)矿物定向排列，常见的岩石有白云母片岩、绿泥石片岩、滑石片岩、角闪石片岩等</td></tr>
<tr><td colspan="2">片麻状构造</td><td>片麻岩</td><td>石英、长石、云母、角闪石、辉石等</td><td>浅色矿物与暗色矿物成条带状富集相间排列</td></tr>
<tr><td rowspan="2">区域变质接触变质</td><td rowspan="2">变晶结构块状构造</td><td>石英为主</td><td>石英岩</td><td>石英</td><td>由石英砂岩变质而成，分不出碎屑与胶结物，岩质坚硬</td></tr>
<tr><td>方解石为主</td><td>大理岩</td><td>方解石、白云石</td><td>由碳酸盐岩石变质而成，具变晶粒状结构，遇盐酸时起泡</td></tr>
<tr><td rowspan="2">动力变质</td><td rowspan="2">碎裂结构糜棱构造</td><td rowspan="2">块状构造</td><td>碎裂岩</td><td>岩石碎屑、矿物碎屑</td><td>由任何成分的坚硬岩石经构造错动破碎再胶结而成</td></tr>
<tr><td>糜棱岩</td><td>长石、石英、绢云母、绿泥石</td><td>颜色多样，糜棱结构，岩石在剪应力作用下被扭擦成粉末后，又在压力作用下使其彼此结合起来</td></tr>
</table>

第四节　三大岩类野外鉴定的基本方法

在野外,可以根据岩石的外观特征如颜色、结构(组成岩石的矿物的结晶程度、晶粒大小、晶体形状及矿物之间结合关系等)、构造(组成岩石的矿物集合体的大小、形状、排列和空间分布等)以及粒度(指碎屑颗粒的大小)、圆度(指碎屑颗粒的棱角被磨蚀圆化的程度)、球度(指碎屑颗粒接近球体的程度)等用肉眼判断是哪一类岩石。但在野外岩石鉴定受到一定的条件限制,要鉴定出每块岩石的确切名称是很困难的,但只要掌握一些基本方法和规律,对主要岩石的鉴别还是比较容易的。通过野外实习,学生要达到在野外较熟练地区分辨别三大岩石的种类和一些常见岩石。

野外三大类岩石的鉴定步骤如下:

(1)首先观察地质露头岩层产状,不同种类岩石的产状不同。

①岩浆岩产状常为:岩基、岩株、岩墙、岩脉、岩床、岩盘等。

②沉积岩产状常为:成层构造,即层理。

③变质岩产状常为:带状(沿断裂带、断裂面)、面状(区域变质)、环状(沿侵入岩体)。

(2)其次观察岩石的颜色:岩石的颜色是最为醒目的特征之一,不同种类岩石的颜色与组成岩石的矿物、碎屑和环境有关。

①岩浆岩的颜色:取决于“色率”即暗色矿物的比率(暗色矿物的含量多少)。

②沉积岩的颜色:取决于碎屑形成的环境、风化的程度。

③变质岩的颜色:指岩石总体的颜色。如灰色、浅绿色、白色等。

(3)再次观察岩石的构造,不同成因的岩类,则构造也会有不同。

①岩浆岩构造:最为常见的有块状构造,条带状构造(矿物晶体冷凝分异形成,假层理),流动构造,气孔、杏仁构造。

②沉积岩构造:最为常见的有交错层理、斜层理、波状层理、水平层理、平行层理。如图2-1所示。

图2-1　交错层理

③变质岩构造：主要有变余构造（变余层状、波状、杏仁、流纹等），板状构造，千枚状构造，片状构造，片麻状构造，眼球状构造，斑点构造。

（4）最后观察岩石的结构：结构是组成一个岩石物质的自身特点。如岩浆岩的显晶结晶矿物、隐晶矿物、玻璃质矿物自身特点。沉积岩自身搬运的碎屑（岩屑、矿屑）、火山物质、生物残骸、宇宙物质自身特点。变质岩的被变质岩石、矿物自身特点。

第三章　地质年代

地质年代就是指地球上各种地质事件发生的时代。它包含两方面含义：

其一是指各地质事件发生的先后顺序，称为相对地质年代。

其二是指各地质事件发生的距今年龄，称为绝对地质年代，由于主要是运用同位素技术，又称为同位素地质年龄。

绝对地质年代说明了岩层形成的时间，但不能反映岩层形成的地质过程。相对地质年代能说明岩层形成的先后顺序及其相对的新老关系，相对地质年代虽然不能说明岩层形成的确切时间，但能反映岩层形成的自然阶段，从而说明地壳发展的历史过程。因此，一般地质年代采用这两种计时方法相结合，才构成对地质事件及地球、地壳演变时代的完整认识。

地质工作中，一般以应用相对地质年代为主。相对地质年代确定许多地质事件，如火山喷发、河谷切割、沉积岩形成、岩层的变形等，都可以根据最简单的原理，确定其有关岩石记录的相对新老关系。

第一节　相对年代的确定

一、地层层序律

地层是在一定地质时期内所形成的层状岩石(岩层组合、沉积层组合)，即一定时代的岩层组合。地层形成时是水平或近于水平，老的先形成，在下面，新的后形成，叠置在上。因构造运动而倾斜，根据泥裂等可判断顶面。

地层层序律(叠置原理)：原始产出的地层具有下老上新规律。它是确定地层相对年代的基本方法，如图 3-1 所示。

二、生物层序律

埋藏在岩层中的古代生物遗体或遗迹称为化石。如动物的甲壳、骨骼；植物的根、茎、叶；动物足迹、蛋、粪、动植物印痕。

生物演变规律：从简单到复杂，从低级到高级不断发展。一方面，老地层所含生物越简单、原始、低级，新地层中则越高级；另一方面，不同时代地层含有不同类型化石及其组合，而在相同时期相同地理环境(原先海洋或陆地相通，即同一沉积环境)中形成的地层，都含有相同的化石及其组合，这就是生物层序律。生物演化是不可逆的。

有些生物对环境变化的适应能力很强，虽经漫长的地质历史，它们的特征无明显变化。如舌形贝从 5 亿多年前即已在海洋中出现，至今仍然存在。它对确定地层时代意义不大。

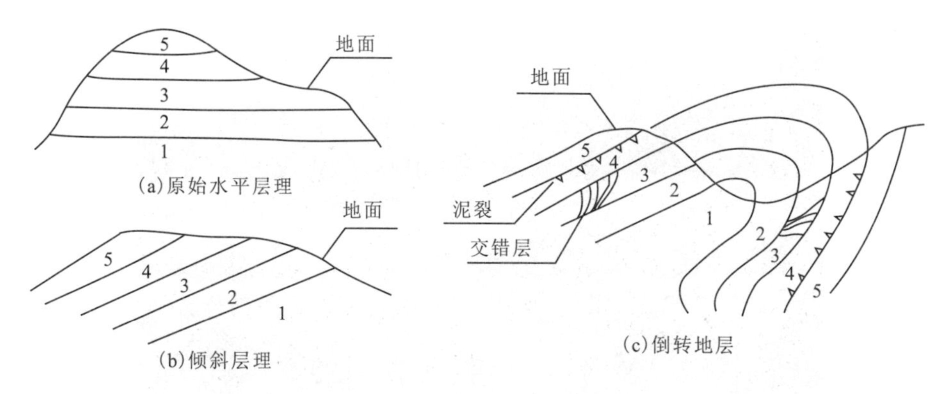

图 3－1　地层层序律示意图

1～5.地层从老到新

标准化石：在地质历史中演化快、延续时间短、特征显著、数量多、分布广，对研究地质年代有决定意义的化石。

地层层序律和生物层序律的综合运用，可以系统地划分和对比不同地方的地层，恢复地层形成顺序，进而研究生物演化。地层有上下关系，时代先后。是建立综合地层柱状图的方法。

三、构造地质学方法

地层间的接触关系，是构造运动和地质发展历史的记录。地层接触关系基本上可分为整合接触和平行不整合接触、角度整合接触 3 种类型。

1. 整合接触

当一个地区长期处于地壳运动相对稳定的条件下，即沉积盆地持续下降，或虽上升但未超过沉积基准面以上，或地壳升降与沉积处于相对平衡状态，沉积物则一层层地连续堆积而没有沉积间断。这样一套产状一致、时代连续的地层之间的接触关系，为整合接触。

2. 平行不整合接触

平行不整合接触又叫假整合接触。地壳缓慢下降，接受沉积物，然后地壳上升成陆，沉积物露出水面遭受风化剥蚀，接着地壳又下降接受沉积，形成一套新的地层。这样，先沉积的和后沉积的地层之间是平行叠置的，但并不连续，而是具有沉积间断。界面上可能保存有风化剥蚀的痕迹，有时在界面靠近上覆岩层底面一侧还有源于下伏岩层的底砾岩。因此，平行不整合接触代表着地壳均匀下降沉积，然后上升剥蚀，再下降沉积的一个总过程。

特征：新、老地层产状一致，沉积出现间断，岩石性质和古生物演化突变。

3. 角度不整合接触

地壳缓慢下降，沉积区（盆地）接受沉积，然后地壳上升成陆，受到水平挤压形成褶皱和断裂，并遭受风化剥蚀，接着又下降接受沉积，形成一套新的地层。先沉积的和后沉积的地层之间不是平行叠置，而是成一定角度相交，有明显的沉积间断、时代不连续，如图 3－2 所示，第四系松散堆积物直接覆盖于二叠系溪口组泥岩之上，同时存在角度不整合和年代不整合。因此，角度不整合代表着地壳均匀下降沉积，然后水平挤压形成褶皱、断裂并上升遭受风化剥蚀，再下降接受沉积的过程。

图 3－2　不整合接触

特征：缺失部分地层，上下岩层产状不一致，呈一定的角度相交，不整合面上有下伏岩层组成的底砾岩、古风化壳、古土壤层等。

形成过程：下降沉积→褶皱上升（伴有断裂活动、岩浆活动，变质作用等）→沉积间断、遭受剥蚀→再下降再沉积。反映上覆地层沉积之前，曾发生过褶皱等重要的构造事件。

4. 侵入接触

岩浆岩侵入到围岩之中，岩体与围岩的接触关系为侵入接触关系。岩体穿切围岩，在内接触带可见冷凝边（结晶快，粒度细，形成隐晶质或玻璃质）、外接触带有烘烤边（岩石受热变质，颜色变浅）、接触变质带、接触交代变质作用和矿化蚀变现象；岩体内往往有捕虏体；与侵入岩有关的岩墙、岩脉插入到围岩中。

5. 切割穿插接触

地质历史上，地壳运动和岩浆活动的结果，使不同时代的岩层、岩体和构造出现彼此切割穿插关系，利用这些关系也可以确定岩层、岩体和构造的形成先后的顺序。切割律：侵入体时代比围岩新；侵入岩的捕虏体时代比侵入体老；砾岩中砾石时代比砾岩时代老；脉体被切割者比切割者老。可以利用这种切割规律来确定地质事件的先后顺序，如图 3－3 所示。地质体之间的相互穿插切割关系有沉积岩之间的整合接触、平行不整合接触、角度不整合接触以及岩浆岩与围岩之间的沉积接触和侵入接触。

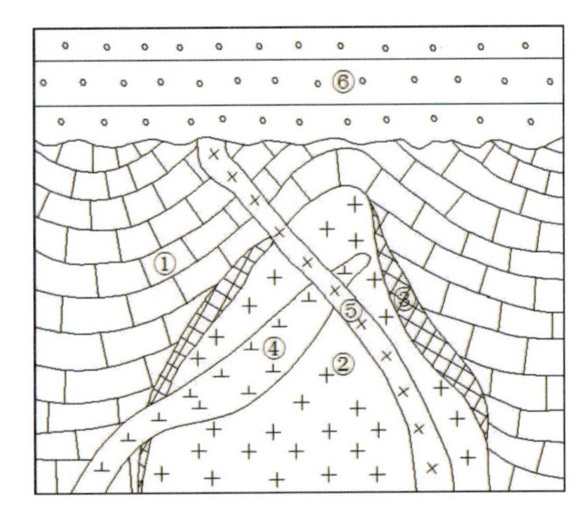

图 3－3　用切割律确定岩石形成顺序示意图

①石灰岩，形成最早；②花岗岩，形成晚于石灰岩；③矽卡岩，形成晚于花岗岩或与其同一时代；④闪长岩，形成晚于花岗岩或矽卡岩；⑤辉绿岩，形成晚于闪长岩；⑥砾岩，形成最晚

第二节　绝对地质年代的确定

自然界的矿物和岩石一经形成，其中所含有的放射性同位素就开始以恒定的速度蜕变，这就像天然的时钟一样记录着它们自身形成的年龄。当知道了某一放射元素的蜕变速度后，就可根据这种矿物晶体中所剩下的该放射性元素（母体同位素）的总量（N）和蜕变产物（子体同位素）的总量（D）的比例计算出来。

自然界放射性同位素种类很多，能够用来测定地质年代的必须具备以下条件：

（1）具有较长的半衰期，那些在几年或几十年内就蜕变殆尽的同位素是不能使用的。

（2）该同位素在岩石中有足够的含量，可以分离出来并加以测定。

（3）其子体同位素易于富集并保存下来。

同位素测年的计算公式：

$$t = 1/\lambda \cdot \ln(1 + D/N)$$

放射性同位素衰变原理：放射性元素的原子不稳定，一定时间后必然衰变为其他原子。且衰变的速率不受外界温度和压力的影响。

比如^{238}U 经过 45 亿年后，其一半原子数衰变为^{206}Pb，45 亿年即为^{238}U 的半衰期。

第三节　地质年代表

地质年代单位的划分是以生物界及无机界的演化阶段为依据的，这种阶段的延续时间常常在百万年、千万年甚至数亿年以上，并且常常是大的阶段中又套着小的阶段，小的阶段中又包含着更小的阶段。

地质年代单位由大到小分别是：宙、代、纪、世。而在这些时间单位内形成年代地层称为：宇、界、系、统。地层单位分国际性地层单位、全国性或大区域性地层单位和地方性地层单位。如表 3-1 所示。

国际性地层单位适用于全世界，是根据生物演化阶段划分的。因为生物门类（纲、目、科）的演化阶段，全世界是一致的。所以据此划分的地层单位必然适用于全世界，称国际性地层单位，包括界、系、统。

界是国际性通用的最大的地层单位，包括一个代的时间内所形成的地层。

系是界的一部分，是国际地层表中的第二级单位，代表一个纪的时间内所形成的地层。系一般是根据首次研究的典型地区的古民族名、古地名或岩性特征等命名的，如寒武系、奥陶系、石炭系、白垩系等。

统是系的一部分，是国际地层表中的第三级单位，代表一个世的时间内所形成的地层。

全国性或大区域性地层单位有阶、时带，地方性地层单位有群、组、段、层。

地质时代单位有代、纪、世、期、时。

代是地质时代的最大单位，在代的时间内形成界的地层。代的名称和界的名称相符合，如古太古代、古元古代、古生代、中生代和新生代。

纪是代的一部分，代表形成一个系的地层所占的时间。纪的名称和系的名称符合，如寒武纪、奥陶纪等。

表3-1　地史单位表

<table>
<tr><td colspan="4">国际性</td><td>地方性</td></tr>
<tr><td colspan="2">时间(年代)地层单位</td><td colspan="2">地质(年代)时代单位</td><td>岩石地层单位</td></tr>
<tr><td colspan="2">宇　Eonthem</td><td colspan="2">宙　Eon</td><td rowspan="8">群　Group
组　Formation
段　Member
层　Bed</td></tr>
<tr><td colspan="2">界　Erathem</td><td colspan="2">代　Era</td></tr>
<tr><td colspan="2">系　System</td><td colspan="2">纪　Period</td></tr>
<tr><td rowspan="3">统　Series</td><td>上　Upper</td><td rowspan="3">世　Epoch</td><td>晚　Late</td></tr>
<tr><td>中　Middle</td><td>中　Middle</td></tr>
<tr><td>下　Lower</td><td>早　Early</td></tr>
<tr><td colspan="2">阶　Stage</td><td colspan="2">期　Age</td></tr>
<tr><td colspan="2">时带　Chronozone</td><td colspan="2">时　Chron</td></tr>
</table>

第四章　地质罗盘的结构及其应用

第一节　地质罗盘的结构

地质罗盘是进行野外地质工作必不可少的一种工具。借助它可以定出方向，观察点的所在位置，测出任何一个观察面的空间位置(如岩层层面、褶皱轴面、断层面、节理面等构造面的空间位置)，以及测定火成岩的各种构造要素、矿体的产状等。因此作为地质工作者，必须学会使用地质罗盘仪。地质罗盘仪的构造如图 4－1 所示。由磁针、刻度盘、测斜仪、瞄准觇板、水准器等几部分安装在铜、铝或木制的圆盘内组成。

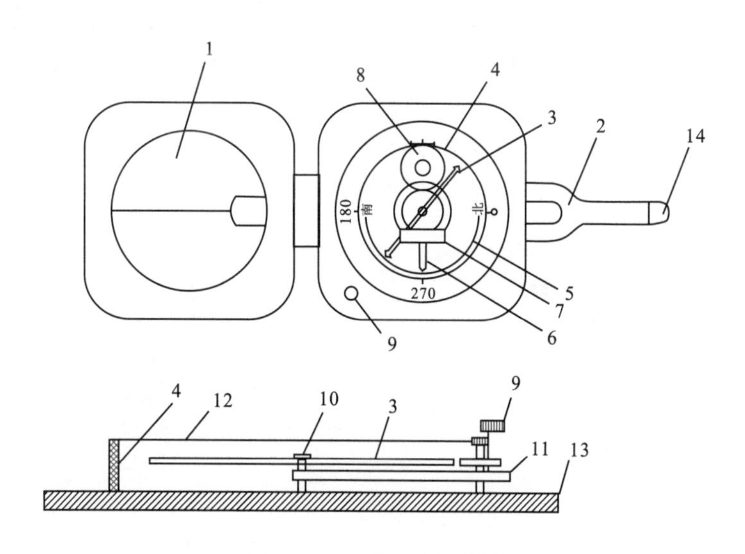

图 4－1　地质罗盘结构图

1. 反光镜；2. 瞄准觇板；3. 磁针；4. 方位角刻度盘；5. 倾斜角刻度盘；6. 垂直刻度指示器；7. 倾斜仪水准气泡；8. 底盘水准气泡；9. 磁针固定螺旋；10. 顶针；11. 杠杆；12. 玻璃盖；13. 底盘；14. 观测孔

(1)磁针——一般为中间宽、两边尖的菱形钢针，安装在底盘中央的顶针上，可自由转动，不用时应旋紧制动螺丝，将磁针抬起压在盖玻璃上避免磁针帽与顶针尖的碰撞，以保护顶针尖，延长罗盘的使用时间。在进行测量时放松固定螺丝，使磁针自由摆动，最后静止时磁针的指向就是磁针子午线方向。由于我国位于北半球，磁针两端所受磁力不等，使磁针失去平衡。为了使磁针保持平衡，常在磁针南端绕上几圈铜丝，用此也便于区分磁针的南、北两端。

（2）水平刻度盘——水平刻度盘的刻度是采用以下的标示方式：从零度开始按逆时针方向每10°一记，连续刻至360°，0°和180°分别为N和S，90°和270°分别为E和W，利用它可以直接测得地面两点间直线的磁方位角。

（3）竖直刻度盘——专用来读倾角和坡角读数，以E或W位置为0°，以S或N为90°，每隔10°标记相应数字。

（4）悬锥——是测斜器的重要组成部分，悬挂在磁针的轴下方，通过底盘处的觇板手可使悬锥转动，悬锥中央的尖端所指刻度即为倾角或坡角的度数。

（5）水准器——通常有两个，分别装在圆形玻璃管中，圆形水准器固定在底盘上，长形水准器固定在测斜仪上。

（6）瞄准器——包括接物和接目觇板，反光镜中间有细线，下部有透明小孔，使眼睛、细线、目的物三者成一线，作瞄准之用。

第二节　磁偏角设定

地球磁极位置与地理极位置的不重合，使得地球（指固体地球，下文同）表面某一空间点的磁子午线方向偏离地理子午线方向，这两方向之夹角（锐角）被称为该点的磁偏角（图4-2）。

使用罗盘是为了获知地理方位，而罗盘中的磁针位置受制于磁场，地表不同地点的磁偏角是不同的，即便同一地点的磁偏角也随时间而变动。因此，在任何地区，在使用罗盘前，必须根据国际上最新公布的当地磁偏角，对罗盘进行校正（即：磁偏角设定），使得当时当地的地理方位与磁方位两者在罗盘中协调起来，只有使用经校正的罗盘，才能测得当时当地正确的地理方位。

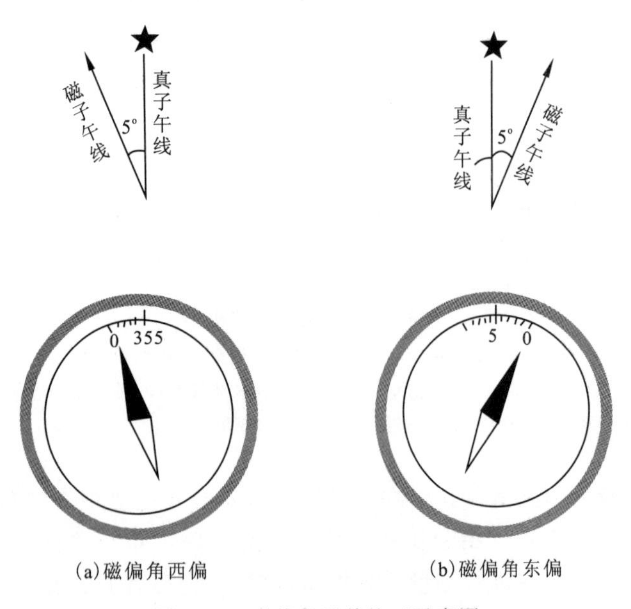

图4-2　磁偏角及其校正示意图

第三节　地质罗盘的应用

一、地理方位

1. 利用地形图的定点——地形地物法

如果地质观察点恰好位于地形图上已标记的标志性地形或地物处，则仅需利用地形图来定点，这种定点方法称为地形地物法。这些标志性地形地物有道路交会点、水库等的拐点、桥梁和冲沟等的端点，以及鞍部和山头最高点（地形图上标记▲等符号的位置）等。

2. 地形图与罗盘结合的定点——三点交会法

站立于测点，使用罗盘，测量该观察点相对于 3 个已知空间点（即参照物，通常是山头等范围小的高地）的方位。然后，根据所测得的方位数据，用量角器、三角板在地形图上画出经过 3 个已知点的直线，理论上此三直线交会于一点，但实际上由于罗盘测量误差、地形图精确性等原因而往往交会成一个三角形。此三直线交会点或交会三角形所在的位置，即所要确定的测点地理位置（图 4-3），交会三角形范围越小，所确定的测点位置精度越高。

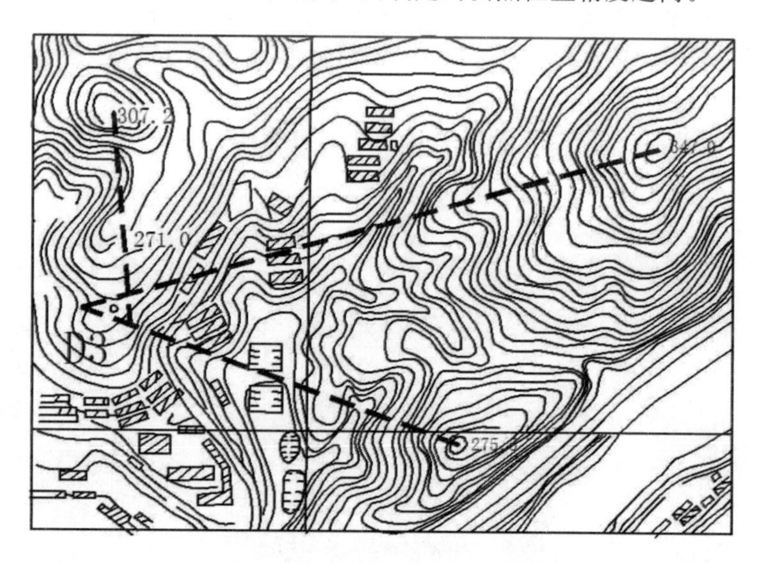

图 4-3　三点交会定点法示意图

地质观察路线方向的测量。观察路线的方向是指由起点向终点的方向，可采用上述地理方位测量的方法进行。在测量中，无论是在路线终点还是在起点处测量，都应将终点当作目的物，起点当作参照物。

二、地质体产状要素测量

地质体产状可分面状体的产状和线状体的产状。岩层层面、断层面、节理面，褶曲轴面等面状体的产状要素包括走向、倾向、倾角（图 4-4）。

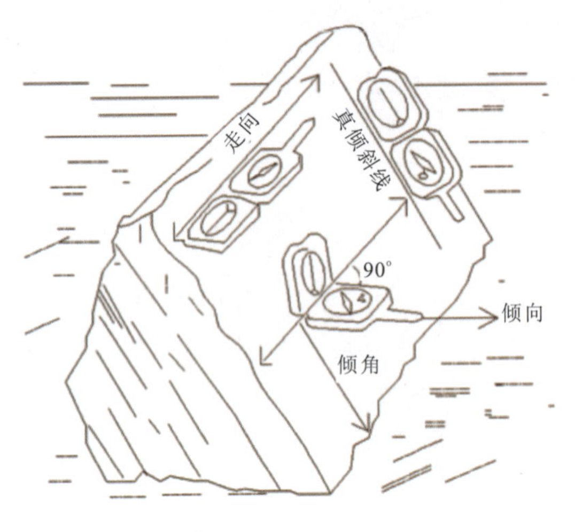

图 4-4　面状体产状要素图解

1. 面状体产状要素的测量

测量前，选择面状体上的平整处，或在其上垫置硬质平板状物（如讲义夹等），或由平板状物将面状体侧向延伸（测量褶曲轴面的产状时应采用此法），使得测量在平面上进行。

走向测量：将罗盘上盖打开至极限位置，放松磁针，将罗盘的较长一侧紧贴所测面状体，调整罗盘，使得罗盘中的圆水泡居中。磁针静止时，磁针两端所指示的读数即为该面状体的走向（具有两个读数）。

倾向测量：将罗盘上盖的背面紧贴所测面状体的顶面，调整罗盘使罗盘中的圆水泡居中，磁针静止时，磁北针所指读数即为该面状体的倾向。当罗盘上盖的背面紧贴面状体的底面时，则指南针所指示的读数才是该面状体的倾向。

倾角的测量：或紧接着倾向测量后，一手压住罗盘上盖，另一手打开罗盘至极限位置并锁住磁针，将罗盘侧转使得罗盘较长侧边紧贴所测面状体；或紧接着走向测量后，锁住磁针，转动罗盘使得罗盘较长侧边垂直于走向并紧贴面状体，调整长水泡（指垂直水准器中的水泡，下文同）使之居中，这时垂直水准器指示盘上 0°刻划线所指垂直刻度盘上的读数，即为该面状体的倾角。如图 4-5 所示。

图 4-5　测量岩层倾角

注意事项：①走向为两个方向，而倾向则是一个方向，由于走向与倾向垂直，有时仅需测量倾向，再根据走向与倾向的关系（走向：倾向±90°）得知走向。但在观察和研究地质构造时，走向更显重要，因而必须实际测量走向。②当面状体倾角较小时（如<20°），为了获得较精确的测量结果，应实际测量走向。③由于倾角是垂直于走向或沿倾向测量的，因而倾角也称真倾角；在不垂直于走向的任一方向上所测得的面状体倾伏角则称视角，视倾角总是小于真倾角（图 4－6）。

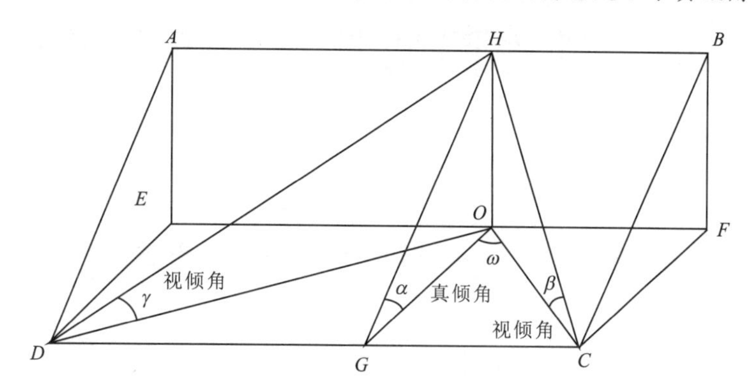

图 4－6　真倾角与视倾角的关系图解

2. 线状体产状要素的测量

将硬质矩形平板状物一侧紧贴呈直线型的线状体，并使该平板状物垂直于水平面；此后，使用罗盘测量该平板状物的走向。该走向具有两个数据，其一为线状体的倾伏方向，其二为昂起方向，两者相差 180°。

三、地形坡度测量

地形坡度是指斜坡的斜面（线）与水平面的夹角。其测量方法如图 4－7 所示，在坡顶、坡底或斜坡上各站一人，或者各立一根与人等高的标杆。站在坡底的人把罗盘直立，长瞄准器指向测量者，并转动反光镜，以观察到长水准器为准。视线从短瞄准器的小孔或尖通过，经反光镜的椭圆孔，直达标杆的顶端或人的头顶。调整罗盘底面的手把，使长瞄准器的气泡居中（在反光镜里看），这时测斜器上的游标所指示半圆刻度盘的读数即为坡度角，也可以用相同的方法从坡顶向坡脚测量坡度角。

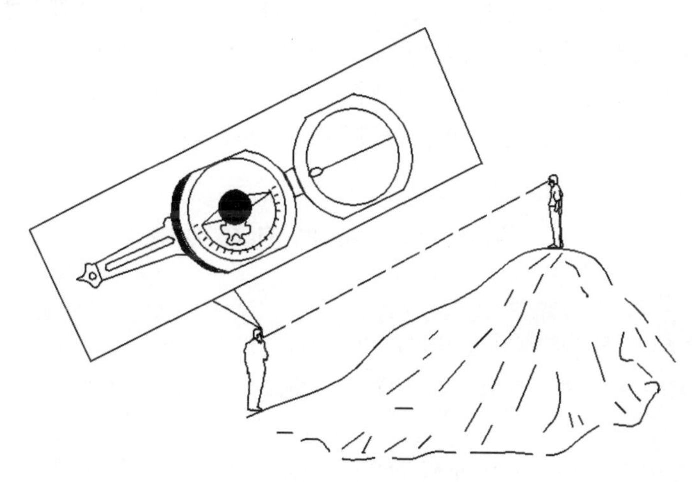

图 4－7　地形坡度的测量方法

第五章　地形图的基本知识及其应用

第一节　地形图的特点和用途

地形图指的是地表起伏形态和地物位置、形状在水平面上的投影图，即将地面上的地物和地貌按水平投影的方法（沿铅垂线方向投影到水平面上），并按一定的比例尺缩绘到图纸上，这种图称为地形图。如图上只有地物，不表示地面起伏的图称为平面图。

地形图对野外地质工作具有重要意义，是野外地质工作必不可少的工具之一。因为借助地形图可对一个地区的地形、地物、自然地理等情况有初步的了解，甚至能初步分析判断某些地质情况，地形图还可以帮助我们初步选择工作路线，制订工作计划。此外，地形图是地质图之底图，地质工作者是在地形图上描绘地质图的，没有地形图作底图的地质图是不完整的地质图，它不能提供地质构造的完整和清晰的概念。

地形图是包含丰富的自然地理、人文地理和社会经济信息的载体；也是进行土木工程建设的重要资料，是土木工程规划、设计和施工的重要依据。借助地形图，可以了解自然和人文地理、社会经济诸方面因素对工程建设的综合影响，使勘测、规划、设计能充分利用地形条件，优化设计和施工方案，有效地节省工程建设费用。在施工中，利用地形图可以获取施工所需的坐标、高程、方位角等数据，并进行工程量的估算等工作；正确地应用地形图，是土木工程技术人员必须具备的基本技能。

地形图的基本内容主要包括：①数学要素，即图的数学基础，如坐标网、投影关系、图的比例尺和控制点等；②自然地理要素，即表示地球表面自然形态所包含的要素，如地貌、水系、植被和土壤等；③社会经济要素，即人类在生产活动中改造自然界所形成的要素，如居民地、道路网、通信设备、工农业设施、经济文化和行政标志等；④注记和整饰要素，即图上的各种注记和说明，如图名、图号、测图日期、测图单位、所用坐标和高程系统等。

第二节　地形图的符号

地形图中各种地物是以不同符号表示出来的，有以下 3 种：

（1）比例符号是将实物按照图的比例尺直接缩绘在图上的相似图形，所以也称为轮廓符号。

（2）非比例符号是当地物实际面积非常小，以致不能用测图比例尺把它缩绘在图纸上，常用一些特定符号标注它的位置。

(3)线性符号是长度按比例，而宽窄不能按比例的符号，某种地物呈带状或狭长形，如铁路、公路等其长度可按测图比例尺缩绘，宽窄却不按比例尺。

以上 3 种类型并非绝对不变的，对于采用哪种符号取决于图的比例尺，并在图例中标出。

第三节　地形图的室内应用

地形图的应用内容包括：在地形图上确定点的坐标、点与点之间的距离和直线间的夹角；确定直线的方位；确定点的高程和两点间的高差；勾绘出集水线（山谷线）和分水线（山脊线），标志出洪水线和淹没线；计算面积和体积，由此确定土石方量、蓄水量、矿产量等；了解各种地物、地类、地貌等的分布情况，计算诸如村庄、树林、农田等数据，获得房屋的数量、质量、层次等资料；截取断面，绘制断面图；利用地形图作底图，可以编绘出一系列专题地图，如地质图、水文图、农田水利规划图、土地利用规划图、建筑物总平面图、城市交通图和地籍图等。

一、在图上确定某点的坐标

大比例尺地形图上绘有 10cm×10cm 的坐标格网，并在图廓的西、南边上注有纵、横坐标值，如图 5－1 所示。

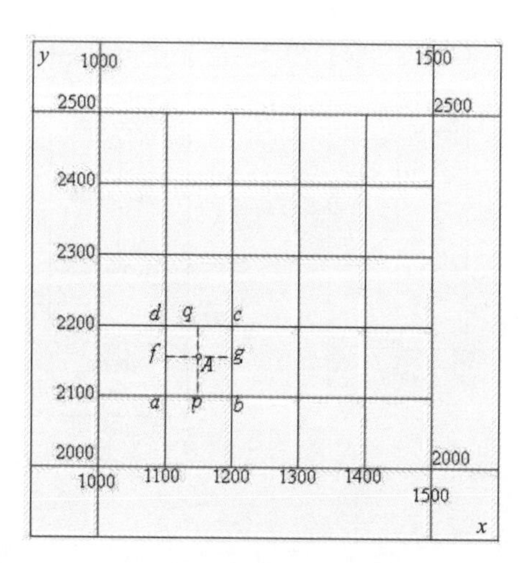

图 5－1　地形图上定点位坐标

欲求图上 A 点的坐标，首先要根据 A 点在图上的位置，确定 A 点所在的坐标方格 $abcd$，过 A 点作平行于 x 轴和 y 轴的两条直线 pq、fg 与坐标方格相交于 $pqfg$ 四点，再按地形图比例尺量出 af=60.7m，ap=48.6m，则 A 点的坐标为：

$$\left.\begin{aligned} x_A &= x_a + af = 2100\text{m} + 60.7\text{m} = 2160.7\text{m} \\ x_A &= y_a + ap = 1100\text{m} + 48.6\text{m} = 1148.6\text{m} \end{aligned}\right\} \tag{5-1}$$

如果精度要求较高，则应考虑图纸伸缩的影响，此时还应量出 ab 和 ad 的长度。设图上坐标方格边长的理论值为 l(l=100mm)，则 A 点的坐标可按下式计算，即：

$$\left.\begin{aligned} x_A &= x_a + \frac{l}{ab} af \\ y_A &= y_a + \frac{l}{ad} ap \end{aligned}\right\} \tag{5-2}$$

二、在图上确定两点间的水平距离

1. 解析法

如图 5－2 所示：

欲求 AB 的距离，可按式(5－2)先求出图上 A、B 两点坐标(X_A，Y_A)和(X_B，Y_B)，然后按下式计算 AB 的水平距离：

$$D_{AB} = \sqrt{(x_B - x_A)^2 + (y_B - y_A)^2} \tag{5-3}$$

2. 在图上直接量取

用两脚规在图上直接卡出 A、B 两点的长度，再与地形图上的直线比例尺比较，即可得出 AB 的水平距离。当精度要求不高时，可用比例尺直接在图上量取。

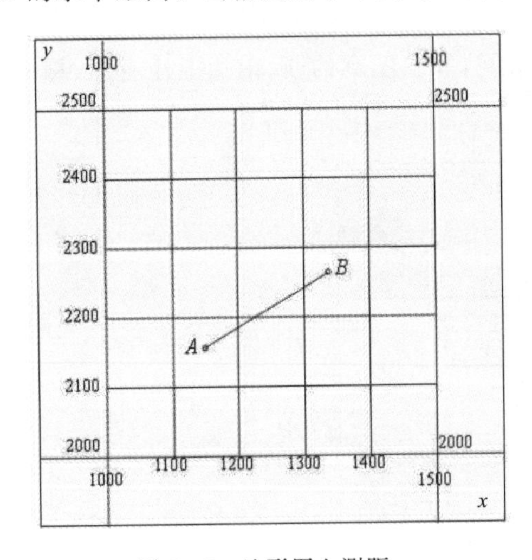

图 5－2　地形图上测距

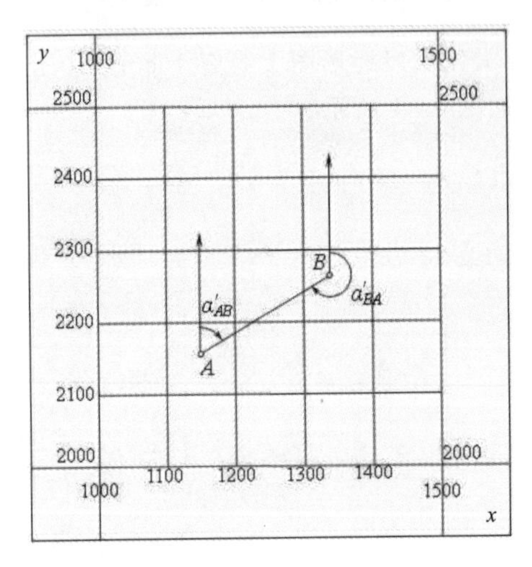

图 5－3　地形图上定方位角

三、在图上确定某一直线的坐标方位角

1. 解析法

如图 5－3 所示：

如果 A、B 两点的坐标已知，可按坐标反算公式计算 AB 直线的坐标方位角：

$$a_{AB} = \arctan\frac{y_B - y_A}{x_B - x_A} = \arctan\frac{\Delta y_{AB}}{\Delta x_{AB}} \tag{5-4}$$

2. 图解法

当精度要求不高时，可由量角器在图上直接量取其坐标方位角。如图 5－3 所示，通过 A、B 两点分别作坐标纵轴的平行线，然后用量角器的中心分别对准 A、B 两点量出直线 AB 的坐标方位角a'_{AB}和直线BA的坐标方位角a'_{BA}，则直线AB的坐标方位角为：

$$a_{AB}=\frac{1}{2}(a'_{AB}+a'_{BA}\pm 180°)$$

四、在图上确定任意一点的高程

地形图上点的高程可根据等高线或高程注记点来确定。

1. 点在等高线上

如果点在等高线上，则其高程即为等高线的高程。如图5－4所示，A点位于30m等高线上，则A点的高程即为30m。

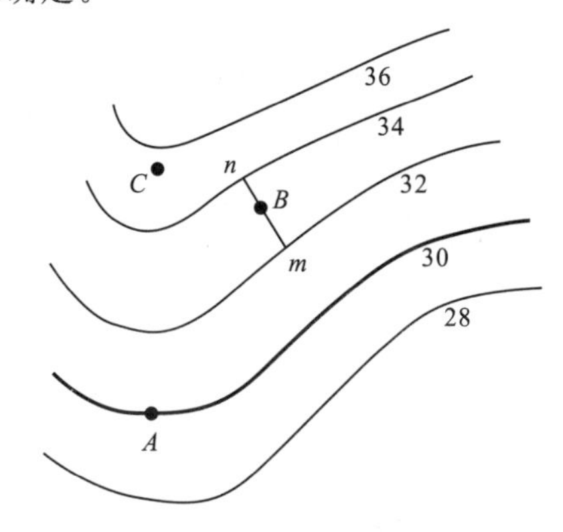

图5－4　等高线上定高程

2. 点不在等高线上

如果点位不在等高线上，则可按内插求得。如图5－4所示，B点位于32m和34m两条等高线之间，这时可通过B点作一条大致垂直于两条等高线的直线，分别交等高线于m、n两点，在图上量取mn和mB的长度，又已知等高距为$h=2$m，则B点相对于m点的高差h_{mB}可按下式计算：

$$h_{mB}=\frac{mB}{mn}h \tag{5-5}$$

设$\frac{mB}{mn}$的值为0.8，则B点的高程为：

$$H_B=H_m+h_{mB}=32\text{m}+0.8\times 2\text{m}=33.6\text{m}$$

通常根据等高线用目估法按比例推算图上点的高程。

五、在图上确定某一直线的坡度

在地形图上求得直线的长度以及两端点的高程后，可按下式计算该直线的平均坡度i，即：

$$i=\frac{h}{d\cdot M}=\frac{h}{D} \tag{5-6}$$

式中：d——图上量得的长度(mm)；

M——地形图比例尺分母；

h——两端点间的高差(m)；

D——直线实地水平距离(m)。

坡度有正负号，“＋”(正号)表示上坡，“－”(负号)表示下坡，常用百分率(%)或千分率(‰)表示。

六、利用地形图绘制地形剖面图

(1)在地形图上选定所需要的地形剖面位置。如图5－5所示，绘出AB剖面线。

(2)作基线：在方格纸上的中下部位画一直线作为基线$A'B'$，定基线的海拔高度为0，亦可为该剖面线上所经最低等高线之值。如图5－5中为500m。

(3)作垂直比例尺:在基线的左边作垂线,令垂直比例尺与地形图比例尺一致,则作出的地形剖面与实际相符。如果是地形起伏很和缓的地区,为了特殊需要也可放大垂直比例尺,使地形变化显示得更明显些。

(4)垂直投影,将方格纸基线 $A'B'$ 与地形图 AB 相平行,将地形图上与 AB 线相交的各等高线点垂直投影到 $A'B'$ 基线上面各相应高程上,得出相应的地形点。剖面线的方向一般规定左方就北就西,而剖面的右方就东就南。

(5)连成曲线,将所得之地形点用圆滑曲线逐点依次连接而得地形轮廓线。

(6)标注地物位置、图名、比例尺和剖面方向,并加以整饰,使之美观。

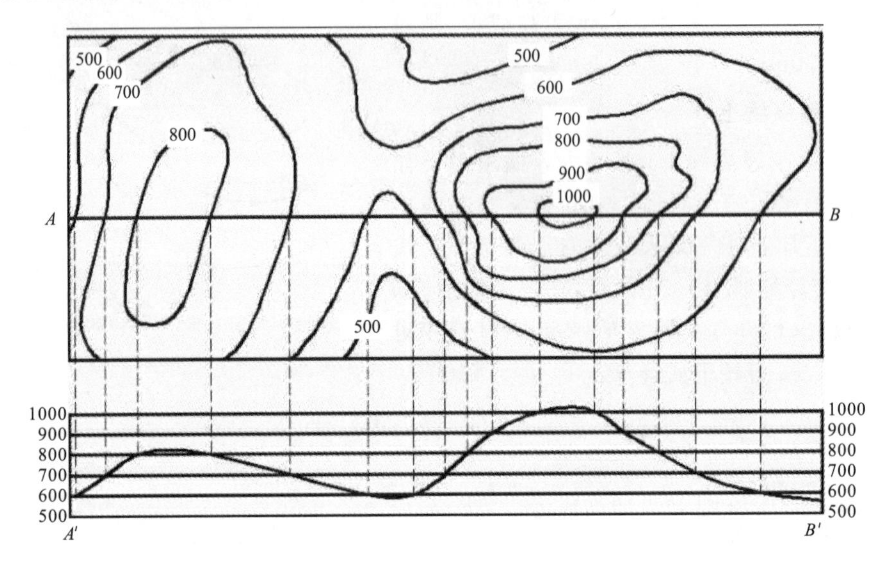

图 5-5　用地形图绘制地形剖面图

第四节　地形图的野外应用

在野外工作时,经常需要把一些观测点(如地质点、矿点、工程点、水文点等)较准确地标绘在地形图中,区域地质测量工作中称为定点。

利用地形图定点一般有两种方法:

(1)在精度要求不是很高时(在小比例尺填图或草测时)可用目估法进行定点,也就是说根据测点周围地形、地物的距离和方位的相互关系,用眼睛来判断测点在地形图上的位置。

用目估法定点时首先在观测点上利用罗盘使地形图定向,即将罗盘长边靠着地形图东边或西边图框,整体移动地形图和罗盘,使指北针对准刻度盘的 0°,此时图框上方正北方向与观测点位置的正北方向相符,也就是说此时地形图的东南西北方向与实地的东南西北方向相符。这时一些线性地物如河流、公路的延长方向应与地形图上所标注的该河流或公路相平行。

在地形图定向后,注意找寻和观察观测点周围具有特征性的在图上易于找到的地形地物,并估计它们与观测点的相对位置(如方向、距离等)关系,然后根据这种相互关系在地形图上找出观测点的位置,并标在图上。

(2)在比例尺稍大的地质工作中,精度要求较高则需用交会法来定点。

第六章　区域地质填图的技能与方法

区域地质调查是地质工作中具有战略意义的综合性基础地质工作，是一切地质工作的先行步骤，同时又是一项由国家有计划部署和实施的面向全社会、服务于国民经济建设各个领域的基础性与公益性地质工作。其主要任务是通过地质填图、找矿和综合研究，阐明区域内的岩石、地层、构造、地貌、水文地质等基本地质特征及其相互关系，研究矿产的形成条件和分布规律，为经济建设、国防建设、科学研究和进一步的地质找矿工作，提供基础地质资料。

区域地质调查一般遵循立项论证、资料搜集、野外踏勘、设计编审、野外地质调查、资料整理、野外验收、图件编制、成果编制及验收、成果登记与出版、成果提交与资料归档等程序。上述程序之间相互关联、互为反馈，是密不可分的一个整体。如资料整理、图件编制就应贯穿于整个项目实施之始终。

第一节　工作区资料的搜集

(1)地理气象类：地形图、行政区划图、交通图、遥感图、气象气候资料等。

(2)地质矿产类：多波段卫星影像、前人已完成的各种比例尺成果图件、地质调查和科研的文字资料(实际材料图、剖面图、矿点登记表等)。

(3)水工环类：区域水文地质、工程地质、环境地质、农业地质、生态地质资料等。

(4)物化探类：前人已完成的各种物探、化探资料和不同比例尺的图件，最好有点或异常圈闭单元素的资料。

(5)国土农林类：自然保护区、土地规划、农用地、林地、地质公园区、重要景观等。

(6)历史古迹类：重要历史保护地、古迹地、民俗(保护)地、地方性标志物、民俗与禁忌等。

(7)地震与新构造活动：历史地震目录、活动构造、基本烈度、动参数等。

(8)其他：重要禁行区域、重要设施、生活及卫生条件、重大灾害及类型等。

第二节　综合研究和整理已有资料

对搜集到的地质及其他相关资料进行综合研究和评价，吸收其有用成分，作为指导设计和工作的依据。其具体内容有：

(1)详细了解前人在调查区内所做过的工作，相关资料和绘制的图件，工作精度及其效果，可供利用的程度，编制地质矿产研究程度图。

(2)基础地质资料的整理和研究，着重弄清前人对调查区地质和矿产的认识程度。找出存在的问题，确立需要进一步研究的内容，编制地质草图和工作部署图等。

(3)自然资料的整理研究，对调查已知的各种资源(矿产、旅游等)逐一记录，编制登记卡片，对所有的物化探异常也应进行登记。然后编制自然资源分布图和开发预测图。

第三节　撰写地质测绘设计书前的野外踏勘

通过搜集阅读和综合分析前人资料，对调查区内有了初步了解，但还缺乏对调查区的感性认识。一般在设计编写前，应组织编写人员对调查区作实地踏勘。目的是对调查区的交通、自然地理和经济地理情况、主要地质特征和资源情况等进行现场观察了解，为设计提供直接依据。

第四节　地质测绘设计书的编写

在上述三步工作之后，开始编写地质调查测绘设计书。设计书是根据上级下达的任务和规范要求，结合工作区实际情况制订的工作方案，是进行野外地质调查、检查完成任务情况和验收评价成果质量的主要依据。

地质测绘设计书一般应包括：工作区范围，任务要求，地质概况及存在问题，技术路线、方法及精度要求，总体工作部署及安排，组织管理及保障措施，质量管理与监控，预期成果、经费预算和设计附图等基本内容。

设计书一般包括下列基本内容：

(1)工作目的任务，工作区经济地理交通状况以及前人研究程度。

(2)地质矿产概述以及存在的主要问题。

(3)区域地球物理、地球化学特征及主要异常分布。

(4)工作方法及精度要求。

(5)工作部署，人员组织及装备。

(6)预期地质成果。

(7)提出专题研究课题。

设计附图包括：

(1)地质矿产草图(相应比例尺)。

(2)工作布置图。

(3)研究程度图。

工作过程中，因情况有较大变化时，应及时编写补充设计，报原审批单位批准。

第五节　野外地质调查工作

野外地质填图的主要任务是进行路线地质调查，研究地质体的空间形态、相互关系和变化。以沉积岩分布为主、以岩浆岩分布为主或以变质岩分布为主的地区，其岩性特征及各种地质条件都有所差异，但填图方法、内容等大体相同。野外地质填图工作包括了观察路线的选择和布置，观察点的标定，内容观察和描述，野外地质图的勾绘，实测地质剖面及各种标本样品的采集和整理等内容。

一、填图路线的选择和布置

1. 填图路线的布置原则

为了尽可能地做到跑最短的路线，而观测和搜集到尽可能多的地质信息，填图路线的布置应与调查区地层界线、主构造线、岩体边界线等方向垂直。路线间距除考虑不同比例尺的精度要求外，还要考虑到地质构造复杂程度及遥感解译程度。一般地质构造简单、遥感解译程度高的地区，路线间距可适当放宽。

填图路线的布置方法有穿越法、追索法和综合路线法。

1)穿越法

基本垂直于地层或区域构造线走向的路线，按一定的间距穿越整个调查区。填图人员沿着观察路线研究地质剖面，并按要求进行其他各项地质研究工作，同时标定地质界线及各种产状要素。

路线间的地质界线用内插法和“V”字形法则来勾绘。此法优点是在较短的距离内能较容易、较全面地查明路线通过的地层层序、接触关系、岩相纵向变化以及地质构造基本特征。不足之处在于相邻路线之间的地带未能直接观察，连绘的地质界线可能与实际有出入，甚至漏掉某些较为重要的小型地质体及横断层等。

2)追索法

沿地质体、地质界线及区域构造线走向布置路线，用于追索标志层、接触关系、断层、化石层、含矿层等。追索路线类型有同向推进过程中的追索和侧向追索法(直线追索、波浪线追索)。优点是可以详细查明地质体、接触关系、断层等的横向变化，准确地勾绘地质界线。此方法主要适合专门性的地质体研究。

3)综合路线法

是将穿越路线和追索路线结合使用而开展填图工作。实际工作中，两种方法常配合使用。在一些穿越路线上，为了确定接触关系或横向变化，经常需要向路线两侧作短距离的追索；在追索路线上，为了解地质体纵向上的变化，如了解岩体由边缘至中心岩性岩相的变化，就需配合穿越路线。总之观测路线的布置必须因地制宜，灵活多变，既能满足调查比例尺的精度要求，又能发挥最佳效率。

1∶5万～1∶1万比例尺地质填图时，原则上采用穿越法辅以少量追索法，即地质观察路线垂直(或斜交)于主要岩层及构造线方向进行，但对重点研究对象，如标志层、含矿层、矿体露头、化石层、重要岩浆岩体及构造线等，则作追索性的布置；1∶5000～1∶500比例尺地质填图时，原则上采用追索法，地质简单区可辅以少量穿越法。

2. 填图路线上观测点的布置原则和标定方法

填图路线上观察点的布置原则：一是在观测路线上对各种地质界线按一定间距进行定点观察，称为地质观察点，观察点对地质图上的基本地质界线起着控制作用，它的布置以能控制各种地质界线(包括地层、褶皱、断层、岩体、矿化蚀变带、特殊地貌、第四系等)为原则。以不同比例尺的填图精度要求,确定相应的点间距,如 1∶50 000 区调,按精度要求点距为 300～500m。二是能有效地控制各种地质界线和重要的地质现象,一般情况下,地质观察点应布置在填图单位的界线、标志层、化石层、岩性和岩相突变的地方,矿化现象、蚀变带、矿体边界,褶皱轴部及转折端、断层、节理、劈理、片理等构造发育处及岩层产状急剧变化处。此外,还有水文、地貌、风景、出土文物地点等位置上,切忌机械地等距离布点。

地质观察点的标定方法:将野外地质观察点的位置准确标定在地形图上的过程称为定点。图上点位的精度要求是允许误差不得超过 1mm。

3. 填图路线和地质点的密度定额

填图路线长度和点、线间距是区调填图的质量标准,1∶5 万《区域地质矿产调查暂行要求》规定:

(1)基岩区线距一般为 400～800m,点距 300～500m。在有航片解释程度较高的地区,岩性单一的地层或出露较宽的地区,其线、点距均可适当放稀。大片第四系分布区,其线距可放宽至 1000～1500m。

(2)填图路线长度一般为 500～700km,在有航片解释程度较高的地区,填图路线长度可减少 30%。只标定直径大于 100m 的闭合地质体;宽度大于 50m,长度大于 500m 的线性地质体;长度大于 250m 的断裂、褶皱构造。小于上述规模的直接、间接找矿标志和具有特殊意义的地质体适当放大或归并表示。

(3)基岩区内,面积小于 0.5 km^2 和沟谷中宽度小于 100 m 的第四系,在图上仍按基岩填绘。大片第四系覆盖者,在物化探工作的基础上,可酌情布置工程予以揭露。

(4)分层界线,接触带,化石层、标志层和矿化标志等,其标定误差不得大于 50m。

二、地质踏勘调查

地质踏勘工作由研究区技术负责(主任工程师)组织地质、水文、物化探、测量等工种的主要人员参加,踏勘路线选择尽可能通过调查区主要地层、主要构造(褶皱、断层)、岩体、矿体(层)。

在每天开始路线起始点记录前,应在记录本页眉处填写日期、天气和工作地点;在开始地点记录路线名称、目的任务、人员姓名及分工、地形图及航片编号,记录从路线起点到终点的地质观察点及点间描述;路线结束后还要写出路线小结。踏勘过程中要勤敲打、勤观察,并作好记录和路线地质剖面图。踏勘结束后,组织认真分析讨论,写出路线踏勘小结。应强调要做到四个统一,即统一地层划分和岩性分层、统一野外岩石命名、统一填图方法和要求、统一图式图例。

1. 地质观察点的记录

观察记录是一项十分重要的基础工作,因此,应根据各点的具体情况详尽描述、重点突出,充分搜集野外资料。地质观察点的记录内容包括:点号、点位、点性、观察描述、产状、标本和样品编号、照片编号及素描图等。

其内容及格式如下所示:

点号:对每一个地质观察点的编号,同一填图组记录使用的地质点号应是连续的,一般采用 DXXX。

点位：对地质观察点位置一般可通过地形地物法或利用测量控制点三点交会法在图上定点，再将图上所定点的 X 和 Y 坐标记录下来。也可以直接记录该地质点的 GPS 坐标，并按坐标值将点标注在图上。

点性：如岩性控制点、岩性分界点、矿化点、构造控制点等，视具体情况而定。

岩性描述：岩石名称、颜色、结构构造、矿物成分、颗粒大小、形状、含量，地质构造、矿化、蚀变等。

露头情况：主要描述观测点附近的露头好坏，露头性质是天然露头还是人工采石场。露头规模，延伸情况，风化程度和植被覆盖等情况。

地貌特征：主要描述观测点附近的地形特征，如山坡、山脊、陡崖、沟谷等特殊地形地貌，组成的岩性、地貌成因及其与地质构造的关系。

地层岩性：主要是对地层岩性的描述。首先应描述观察点两侧的地层单元、产状、接触关系，然后再分别描述岩性特征。岩性描述应按照岩石学对各类岩石的描述要求，对主要岩石类型的定名、颜色、结构、构造、矿物成分及含量等详细描述。

构造特征：对有构造发育的地方，应描述各种构造的产状、规模、性质、产状要素，并对其运动学和动力学特点进行分析判断，照相，素描。

接触关系：对观察点附近地层单元之间的接触关系一定要加以交代。分为整合接触、平行不整合接触、角度不整合接触和断层接触。

产状：对有露头的观察点，一定要测量并记录产状。除了记明产状数据外，还必须注明是什么产状，如层理、片理、劈理、线理、节理、枢纽、断层面等。

标本和样品编号：凡在点上取过样品或打过标本的，一定要按照样品和标本的分类进行编号并记录。对点上和点间的样品、标本要按类统一连续编号记录。

照片编号：凡在点上或点间对各种地质现象已照相的，也要统一编号并记录。

2. 点间观察与记录

野外填图路线的观察记录从起点至终点应连续完整，除地质点上的详细观察记录外，还应包括点间的观察和记录，以便了解地质要素在点与点之间的变化情况。如果孤立地进行点上的观察和描述，中间缺乏足够系统性、综合性的路线观察资料，将很难对区域地质特征得出完整的认识。

点间观察记录就是在详细观察和描述完一个地质点后，沿路线向下一个观察点连续进行的观察记录。点间观察记录的内容也应系统全面，对所有观察到的地质现象要加以记录。对重复出现的地层岩性也必须描述，不能用“同前”“同上”表述。可重点描述其差异。当在点间观察到地层界线、岩体、矿体或矿化、构造现象时，如果距上点距离较近，可不定点，但应标明其点间位置，并作详细描述，描述内容与点上的描述相同；如果距上点距离较远，虽然还不到正常定点的距离，也可提前定点，并按地质观察点来加以观察描述。

三、实测地质剖面

1. 实测地质剖面的目的任务

地质剖面测量是地质填图工作的基础，因此在填图工作之前，一般要在野外现场测绘 1～

3 条完整的地质剖面，以便建立正确的地层层序、接触关系、岩石类型、厚度、岩性、化石、矿产、标志层、变质作用、侵入体等，掌握各时代地层的岩石组合特征、相带分布及岩性变化规律，确定地质测绘的填图单位和标志层。

(1)查明地层接触关系：地层接触关系分为整合、平行不整合和角度不整合，其主要判别标志如下。

①地层之间是否有沉积间断(如：是否发育古风化壳、是否有化石带的缺失、是否有底砾岩等)。

②地层之间的产状是否一致。

③沉积环境和沉积相的纵向变化特征(渐变还是突变)等。

(2)查明地层层序：地层层序是指地层按照新老关系依次产出的顺序。地层新老关系的判别，最重要的是地层顶底的判别。最常见的地层顶底的判别标志有：交错层理、干裂、荷重模和泥舌、槽模、叠层构造等。

(3)查明地层厚度：地层厚度根据实测剖面丈量数据计算求得。

(4)查明地层的岩性特征：地层的岩性特征包括地层的岩石种类、岩石颜色、物质成分、结构构造等。

(5)查明地层所含化石的特征：化石特征包括化石的种类、保存程度、富集程度，并根据标准化石的种类确定地层时代。

(6)查明地层的时代。确定地层时代的主要根据：①标准化石。例如小蜓、麦粒蜓、蛇菊石。②同位素年代测定。例如沉积岩中的自生黏土矿物伊利石、海绿石可用来测定沉积岩的年龄。

(7)查明地层的含矿性：地层的含矿性包括矿产种类、品位、产状、分布等。

(8)寻找和确定标志层或具有特殊地质意义的地层。标志层应是岩性特殊、层位稳定、厚度不大、分布广泛、在野外容易识别的地层，填图时准确迅速。

(9)根据化石、岩性及岩相变化、沉积韵律、区域变质程度、岩层接触关系及标志层划分地层单位和填图单位。

(10)统一岩石分类命名，制定地层系统，拟定图例、符号和代号，确定共同的专用地质术语。

2. 实测地质剖面的内容

(1)确定工作区地层的岩石组合、地层划分、地层层序、岩石变质程度、接触关系及其各地质单元体的厚度变化(对地质单元体的观察与测量)。

(2)对沉积特征、原生沉积构造、化石和产出状态以及古生物组合特征的观察，分析岩相特征和沉积环境。

(3)观察地层的变形特征，确定褶皱、断裂、各种新生的面状、线状构造要素的类型、规模、产状及其几何学、运动学、动力学特点，分析其形成序次及其叠加、改造关系。

(4)研究侵入岩的岩石特征、结构构造特征、捕虏体和析离体在岩体内的分布特征等；观察研究接触变质和交代蚀变作用及含矿性；观察原生和次生构造，划分岩相带；确定岩体产状、与围岩关系、剥蚀程度、侵入期次和形成时期等。

(5)观察研究第四纪沉积物的性质及其特征、厚度变化、成因、新构造运动及其表现形式。

(6)研究确定地层的含矿性及其矿产类型；研究确定对工程有不良影响的地层类型及其分

布规律。

3. 实测地质剖面的原则及技术要求

(1)剖面走向。剖面线方向应尽量垂直于地层或主要构造线走向,一般情况下两者的夹角不宜小于60°。

(2)剖面代表性与可操作性。要求剖面线上地层发育较全,生物化石丰富、构造简单。便于确定地层接触关系和进行地层划分,确定地层时代,同时也便于进行横向对比。

(3)剖面代表性与可操作性。剖面线经过的具体位置基岩露头良好、具有连续性、通视条件好、代表性强、岩石类型齐全、易于测制。沟谷,自然和人工采掘的坑穴,壕堑和铁路、公路旁侧崖壁等是布置实测剖面线的理想位置。

(4)覆盖处理。当露头不连续,而又找不到更合适的剖面位置时,可布置一些短剖面加以拼接,但须注意拼接的准确性,防止遗漏和重复。必要时还可以考虑布设探槽、井探或剥土等工程予以揭露。

(5)剖面成图比例尺。实测地质剖面比例尺的选定是根据调查区岩性的复杂程度、岩石地层的划分和表示的详细程度,以及地质目的和经济效果来确定,其原则是能充分反映其最小地层单位或岩石单位。一般有1∶2000、1∶1000、1∶500、1∶200、1∶100等几种。

(6)实测剖面的数量。一般每个地层单位及不同相带至少应有1～2条代表性实测剖面控制,主要根据区内岩相建造复杂程度、厚度及其变化情况以及前人研究程度等因素来考虑确定。

(7)剖面岩性描述与样品采集。实测剖面时,必须逐层进行岩性描述,同时系统采集岩石标本、光片、薄片、岩石光谱样品等。对沉积岩或副变质岩系应认真逐层寻找和采集化石(或微体古生物)标本。此外,根据调查任务的需要可采集化学分析样、人工重砂样、单矿物样等。必要时还可采集同位素年龄样和古地磁样品等。

(8)特殊"层位"的处理。在剖面图上小于1mm的,但又具有特殊意义的单层(如化石层、标志层、矿层、岩脉等),可适当放大画在图上,但在记录中应注明实际厚度。

(9)剖面数据整理。当天工作结束后,全组人员对野外实测工作逐导线、逐层进行校对,使记录本、登记表、平面图、信手剖面图、标本样品互相吻合,保证不出差错。若查出问题,室内不能解决,可在第二天复查后再开始工作。

4. 实测地质剖面的一般程序和工作方法

1)前期准备工程

(1)了解剖面基本情况。选定好所测剖面位置后,首先进行详细踏勘,了解岩层的分层厚度,岩性组合规律,所产化石,地层接触关系,标志层等,并设立标记;根据露头情况布置山地工程。

(2)作好剖面测绘计划。根据详细踏勘情况制订工作计划:包括比例尺,测绘方法、施测顺序、组织分工、工作定额及工作进程计划等。

(3)安排好人员分工。学生以小组为单位,一般5～7人为宜,具体分工和主要任务如表6-1所示。

(4)准备好测绘剖面用的工具、材料。为了保证实测地质剖面工作的顺利进行,对剖面测绘过程中所需的有关资料、工具、材料,按人员分工分别准备和携带,以便到野外能有条不紊地开展工作。各组一般应配备地形图1幅,地质罗盘3个,地质锤1把,测绳(皮尺)1条,钢卷尺1个,记录本1本,三角板1副,半圆仪1个,图板或讲义夹1个,绘图纸(方格纸)1～2张,实测剖面记录表5～10张,铅笔2～3支,胶布1卷,标本签1本。

表6-1 实测地质剖面人员分工简表

职务	人数	主要工作任务
地质观察员	1～2	对地层进行分层、描述,判断和确定构造形态及位置,测量各种要素产状,丈量各分界点的斜距,协调全组工作,决定导线是否前进
前、后测手	2	选择导线测点,拉测绳或皮尺,测量导线的方位角、坡度角、导线斜距,将剖面起、终点定在地形图上
记录员	1	根据表6-2所列内容,填写各种野外实测数据,进行地形描述
剖面草图绘制员	1	根据各种实测数据,现场绘制平、剖面图,注意标注各种数据和地形的细微变化及其标志物
标本采集员	1	负责采集各种岩矿、化石、地层和构造岩等标本,确定采集位置,对标本进行标号、定名并包装

2)地质剖面的测绘方法和内容

(1)导线布设原则。

①所有导线应尽可能沿同一方向,并垂直主要地层走向或主要构造线方向。尽量减少导线转折,且导线总体方向要保持与主要地层(或主要构造)走向垂直。

②每条导线的端点(导线点)应布置在地形起伏变化处,同一导线之内的地形坡度要基本稳定。注意:导线点不一定是地层的分界点,为了统计和作图的方便,在有条件统一时,应尽量取得一致。

③对重要地质现象不清楚的地段,可沿地层某一界面走向平移导线后测制,平移距离控制在20～30m以内。导线平移时,一定要注意沿地层某界面走向平移。

(2)测绘方法。

①用罗盘测量每条导线的方位与地形坡度角。

②用皮尺或测绳丈量所在坡面斜距。

③按照选定的剖面位置,首先将剖面起点标定在地形图上,然后确定剖面方向。

④从导线起点(0)开始,分导线进行逐段测量,依次以“0—1”、“1—2”等记号方式,连续编记导线号。

⑤由身高基本相同的两人执持测绳,并相互校正、确定导线方位与坡角。

⑥组内人员按照分工各司其事,从导线起点开始工作,直至整个剖面测量完成为止。

⑦导线施测过程中,要作好地质记录、填制好记录表格,绘制好地质剖面草图与信手剖面图。

(3)剖面测绘内容与记录格式。实测剖面记录内容包括:剖面名称及编号、比例尺、剖面起点坐标、测绘日期、导线号、斜距、方位角、坡度角、层号及地层代号、分层斜距、岩性描述、岩石和化石标本采集位置及编号、产状及测量位置、厚度等。分层岩性描述前,应沿导线纵向及横向仔细观察,全面了解岩石特征或岩层组合特征。应完整填写在实测地质剖面记录表上,如表

6-2所示，基本测量记录内容包括：

①导线站号：以剖面起点为0，第一测绳终点为1，导线号记录为“0—1”；第二测绳起点1至第二测绳终点2，导线号记录为“1—2”；其余类推。

②导线方位角：导线前进方向的方位角。由前、后测手对测和互校。

③导线斜距：导线起、终点间沿地表的长度，一般采用以“米(m)”作为计量单位。

④坡度角：导线经过地段的地面与水平面之间的夹角，称该地段的坡度角。它以导线的前进方向为准，仰角为正，俯角为负。

⑤地层产状位置斜距(包括断层)：地层产状测量点距该导线起点处的地表长度。

⑥分层号。从剖面起点开始，对实测各岩层的分层由①开始顺序编号。注意：如果某一分层在前一条导线中已经测过一部分并编了分层号，第二条导线中续测部分不再另编新号。地层分层、观察和描述是实测剖面的重要工作，分层的基本原则如下：

a. 按地层剖面比例尺的精度要求，分层厚度在图上大于1 mm的单层。

b. 岩石成分有显著的不同。

c. 岩性组合有显著的不同。

d. 岩石的结构和构造有明显的不同。

e. 岩石的颜色不同。

f. 岩性相似，但上、下层含不同的化石种属。

g. 岩性不同，但厚度不大的岩层旋回性地重复出现，可将每个旋回单独作为一个旋回层分出。

h. 岩性相对特殊的标志层、化石层、矿层及其他分布较广、在地层划分和对比中有普遍意义的薄层，应该单独分层。如果其在剖面上的厚度小于lmm，可以按1 mm表示。

i. 重要的接触关系，如平行不整合、角度不整合或重要层序地层界面处可分层。

在地层分层过程中，描述各导线内各层的岩石学和古生物学特征，并记录在记录表中。

⑦分层斜距：指同一导线内不同岩性的分界点在导线上的距离。同一条导线上各分层斜距之和等于该导线的导线斜距。

⑧岩性名称如灰色薄层状灰岩(由分层员报读)。

⑨标本和样品的编号和位置：标本B001；照片D001。

表6-2 实测地层剖面登记表

导线站号	导线方位角 φ	导线距		坡度角 β	高差	累积高差	岩层产状			导线方向与走向夹角	分层号	位置		岩层名称	分层厚度	累积厚度	标本化石编号	备注
		斜距 L	水平距				倾向方位角	倾角 α	视倾角			分层斜距 l	水平距					

(4)实测剖面记录注意事项。

①岩性描述:岩石名称(用颜色+层理+结构+成分命名)、颜色(新鲜色、风化色,颜色分布的不均匀性与成分、结构、构造的关系)、构造(层的形态、层理类型、单层厚度、层面构造等)、结构特征(碎屑颗粒的粒度、形状、磨圆度、分选性,化学沉积的结晶粒度、晶形,碎屑颗粒的排列形式及胶结类型等)、成分(基本矿物或碎屑成分、生物碎屑成分、特殊成分,如各种结核、盐类矿物等的分布及量比关系)等。对于特殊岩性或岩层组合应绘制素描图或照相,基本层序应绘制柱状图。

②岩层间的接触关系:连续沉积的岩层,要描述岩性是如何渐变的;不连续的沉积界面,应说明其证据,并绘制素描图、照相。

③地质构造:单斜层、有小褶皱或有小断层,记录中应说明其位置、大小、产状和特征等。

④岩层产状数据应记在所测产状岩石的岩性描述之下,单列一行,劈理、节理产状也应注明。

⑤系统采集岩石手标本、岩石薄片标本、化石标本和矿石标本,采取地点由分层者或岩性描述者指定,标本大小、编号按规定进行选取(手标本规格一般是 3cm×6cm×9cm 或 2cm×5cm×8cm),所采标本要求系统编号并记录(标本要用胶布贴上编号,采集地点用油漆编号)。

⑥野外实测剖面草图在实测过程中逐步完成,注上导线号、分层号、岩性花纹、产状和化石产出部位,作为绘制正式剖面图的参考。剖面草图采用分导线作图法。先在记录本上选定导线 0 点,然后按坡度角、斜距和比例尺确定导线 1 点,再按实际地形绘出地形线。在导线 0 点上方注明导线方位角,地形线上方标注导线号,化石符号和标本编号按实际位置标注。在地形线下方按视倾角绘制岩性符号和分层界线,标注层号、地层代号和产状测量位置等。第 2 导线是从导线 1 点出发,按前述顺序作图,以此类推。剖面全部测完后,写上图名和比例尺。剖面草图比例尺采用 1∶2000~1∶1000。

(5)资料整理。首先应先认真核对剖面登记表和实测剖面图,使各项数据资料完整、准确无误,并将登记表中的数据及剖面草图写上,如果出现错误或遗漏,应立即设法更正和补充,此外,还应将登记表上各空格通过计算逐一填全。

导线平距 $M = L \cdot \cos\beta$

分段高差 $H = L \cdot \sin\beta$

累计高程为剖面起点高程加各分段高程之代数和。

岩层厚度是指岩层顶、底面之间的垂直距离,即岩层的真厚度。其计算方法有公式计算法、查表法、图解法和赤平投影法。如图 6-1 所示。倾斜岩层厚度(h)计算方法有下列几种情况:

岩层厚度以米(m)为单位,一般小数点后取 1~2 位数即可。若一层跨两段导线,应分别计算厚度,再相加而得出该厚度。

(6)绘制导线平面图。根据整理好的记录表,绘制导线平面图,首先要求出剖面的总方向,使导线方向与剖面总方向大致平行。可将导线扭转一个角度(如图 6-2 所示)使导线起点和终点的连线与方格纸的横线平行。

将各条导线自 0 点起至终点止,按其方向(导线方位角)和水平距离,按比例尺依次绘于图上。每点的累积高度、地质界线、地层产状,都要按照相应的位置标于平面图上。

(7)绘制地形剖面图。在导线平面图的下方,画一条水平基线,使之与平面图之间留有足

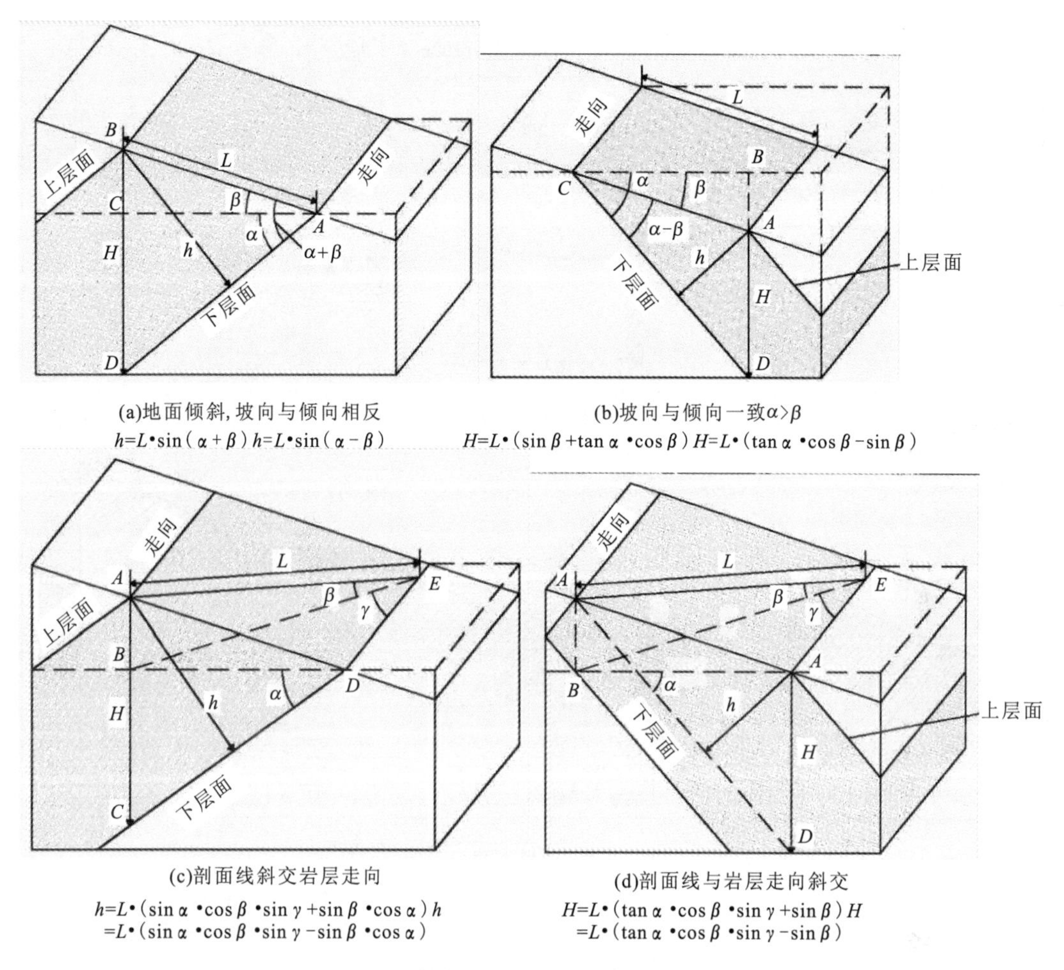

(a)地面倾斜，坡向与倾向相反

$h=L\cdot\sin(\alpha+\beta)$ $h=L\cdot\sin(\alpha-\beta)$

(b)坡向与倾向一致$\alpha>\beta$

$H=L\cdot(\sin\beta+\tan\alpha\cdot\cos\beta)$ $H=L\cdot(\tan\alpha\cdot\cos\beta-\sin\beta)$

(c)剖面线斜交岩层走向

$h=L\cdot(\sin\alpha\cdot\cos\beta\cdot\sin\gamma+\sin\beta\cdot\cos\alpha)$ $h=L\cdot(\sin\alpha\cdot\cos\beta\cdot\sin\gamma-\sin\beta\cdot\cos\alpha)$

(d)剖面线与岩层走向斜交

$H=L\cdot(\tan\alpha\cdot\cos\beta\cdot\sin\gamma+\sin\beta)$ $H=L\cdot(\tan\alpha\cdot\cos\beta\cdot\sin\gamma-\sin\beta)$

图 6-1　倾斜岩层的厚度测算公式及图解

h. 真厚度；H. 铅直厚度；L. 岩层顶面到地面的导线距离；α. 岩层倾角；β. 地面坡脚；γ. 剖面导线方向与走向的夹角

够的位置，以便投绘地形高度及填写必要的文字符号等。

在基线的一端向上作垂直基线的线段。将其按照作图比例尺画出不同的标高。再根据各导线的水平距离和累积高差，将各导线点的位置投影到相应的高度上，再将这些点顺次相连成曲线。画出比较接近实际情况的圆滑的地形轮廓。如图 6-3 所示。

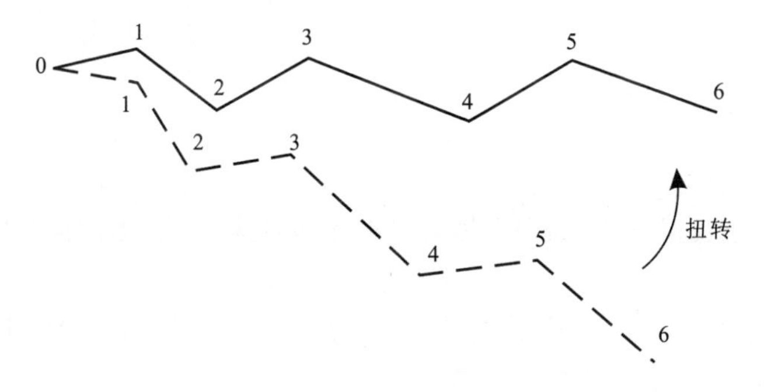

图 6-2　导线平面图

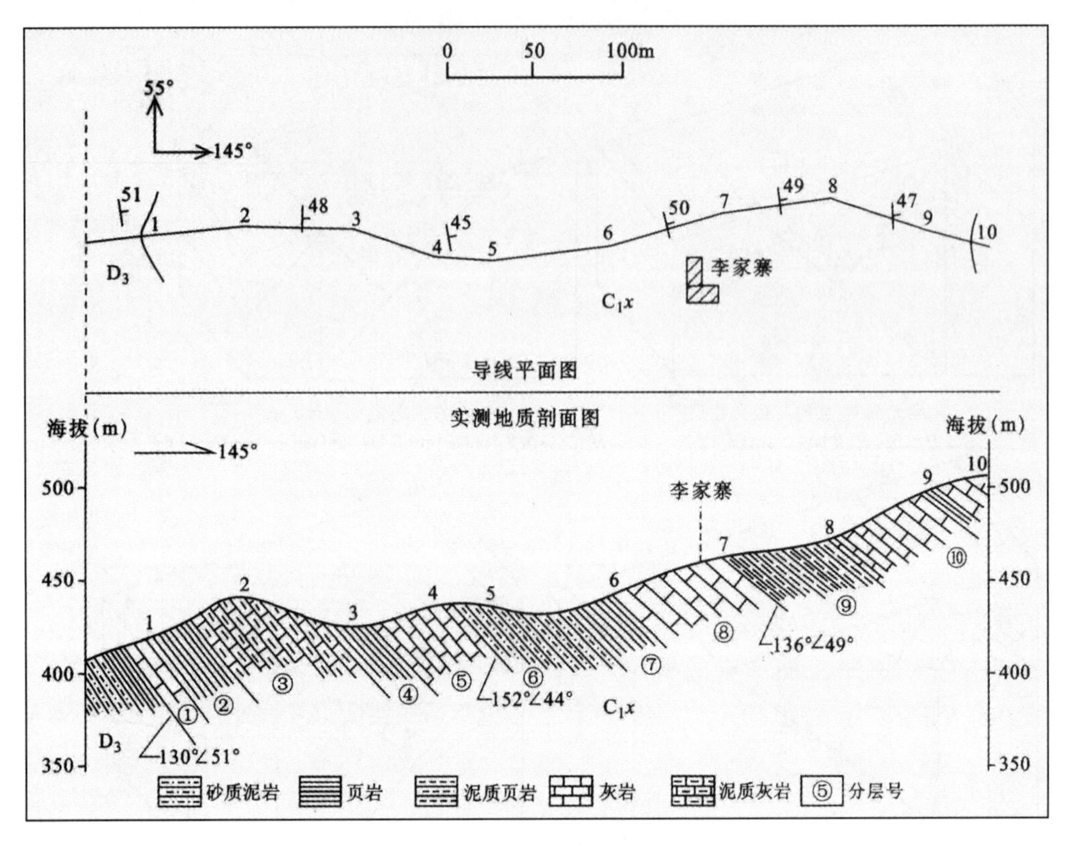

图 6-3　地层实测剖面图

第六节　地质界线填绘

地质界线就是地层或岩层的分界面、不整合面、断层面、岩体与围岩接触面等与地面的交线，它既受地形起伏的影响，又受地质界面产状变化的控制，地质界线总是弯曲的。在野外必须根据地形实际地质界线，将其准确地填绘于地形图上。向两侧各绘 0.5～1cm 长。

在野外地质测量中，常见的地质界线有下列几种。

(1)地层分层界线：是把时代不同的地层划分开的最重要的地质界线。能获得地质构造的概念，并能预见矿产的分布，分层主要是根据化石，同时考虑到岩性和构造的变化。

(2)不整合面界线：是时代不同、层位要素不同的地层之间的界线(中间缺失沉积)，可分为平行不整合和角度不整合。

(3)岩体与围岩的接触界线：如侵入体与喷出体的界线，可把火成岩的复杂体与其围岩划分开来，这界线能决定火成岩与围岩的相对位置，获得火成岩体的相对时代概念。

(4)断层线：也是重要的地质界线，时代不同的地质体可以沿断层线发生接触。

(5)标志层界线：据标志层填绘地质界线。

(6)矿层和矿体边界：应把含矿层位、矿层、矿化现象，各种岩浆期后的蚀变现象，蚀变带以及找矿有关的各种地质现象标于图上。

(7)岩体相带界线：侵入体内部不同岩石之间的接触界线，主要根据岩石成分和结构不同，划分为各种岩石带，对确定岩体的内部构造具有重要作用。

(8)岩墙和岩脉界线：按岩石成分、时代及产状，用一定的符号填绘在地质图上。

(9)变质岩相及各种混合岩类型和强度界线，这往往是逐渐变化的界线，具有很大的人为因素，一般是根据野外工作及室内研究之后确定的。

填图时，要综合考虑地形、岩层产状及构造对地质界线形状的影响。地质界线是地质体分界面与地面的交线。经常是弯曲的、复杂的，呈各种形状的曲折，填绘时，必须经常考虑"V"字形法则。各种地质界线在地质图上的形状特征如下。

1. 地质界面水平时(如水平岩层)

水平岩层的走向可以是任何方向，它是测不出倾向的，倾角应该是0°，在野外工作时一般把倾角小于5°的岩层，都当作水平岩层，其地质界线与地形等高线平行。

水平岩层地区地质图的复杂程度，取决于地形切割的深度，因为地层水平自下至上，地层是从老至新层层叠置的，如图6-4所示。

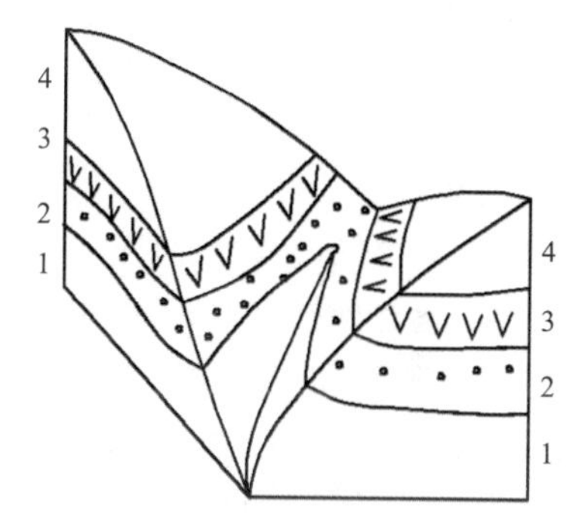

图6-4　地质界面水平
1～4表示地层由老至新

在地质图上有如下特征：

(1)时代越老的地层，越处于地形低处(河谷、冲沟)，年轻地层位于老地层之上，处于地形的高处。

(2)水平岩层同一层面的高度相同，因此，水平岩层的地质界线在地质图上与地形等高线平行，或重合。

(3)水平岩层露头的宽窄，随岩层厚度和地形坡度而变，厚度越大，露头宽度越大。地形坡度越缓，露头宽度就越宽，地形坡度越陡，露头宽度越窄。如图6-5所示。

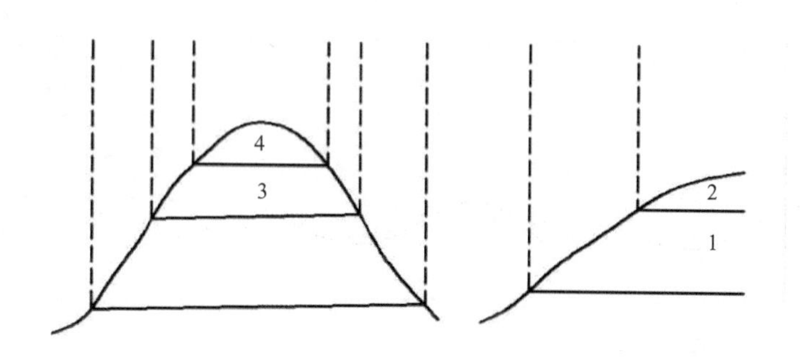

图6-5　水平岩层露头
1～4表示地层由老至新

2. 地质界面直立时(如直立岩层，直立岩墙，直立断层面等)

直立岩层具有明显的走向，其倾角为90°，因而不具倾向。其在地质图上的特征是：地质界线与走向一致，不受地形的影响，呈直线延伸，在野外一般>60°的倾角，就按直线画。

3. 地质界面倾斜时

岩层向一个方向倾斜，介于水平岩层与直立岩层之间，情况比较复杂多样。倾斜岩层在地质图上的特点是：岩层的地质界线与地形等高地斜交。露头形态取决于岩层的产状和地形两方面因素。在不同的产状，不同的地形条件下，露头的形态是不一样的，在实践中归纳出这种形态特征，称为“V”字形法则，现将其特征介绍如下。

(1)当岩层倾向与地形坡向相反时：岩层露头线所成的“V”字形尖端与地形等高线的尖端同向。在河谷处“V”字形的尖端指向上游。在山脊处，“V”字形的尖端指向山下(低处)。

地层倾角越平缓，所成曲线越接近等高线，倾角越陡，地质界线就越开阔地接近直线。简称为相反相同。

(2)当岩层倾向与地面坡向一致，地层倾角大于地面坡角时：地层露头线，在河谷处形成“V”字形尖端指向下游，山脊处“V”字形尖端指向山上(高处)，正好地质界线的尖端与等高线尖端指向相反。简称为相同相反。

(3)当地层倾向与地面坡向一致，但岩层倾角小于地面坡角。则地层露头线形成的“V”字形尖端，在河谷处指向上游，在山脊处尖端指向山下(低处)，与地形等高线尖端指向相向，但地质界线的弯曲程度大于地形等高线的弯曲度，“V”字形尖端超越等高线的尖端。如果地层倾角越小，近于水平，则露头形状越接近于等高线形状。

从以上 3 种情况可以看出，当地形相同时，地层倾角越大，露头线的形态受地形影响越小，倾角＞60°受地形影响就小了，倾角越缓，受地形影响越大。

当地层倾角相同时，地形越简单，露头线形态越简单，地形切割越强烈，露头线形态越复杂。

地质测量时，应该远观与近观相结合，真实反映与综合概括相结合，一般在地形较高的地方，根据对地层和构造的认识及间接标志，将地质界线用铅笔勾出，然后在实际路线中检查改正。

一切地质界线都必须在野外现场认真填绘，必须按照野外实际情况，根据界面的倾向、倾角及与地形的相切关系，准确地划分出来，填绘时要依据“V”字形法则。

地质界线用黑实线，不整合用黑实线加点线，断层用红实线，岩相岩性界线用点线，推测界线用虚线，如图 6 - 6 所示。

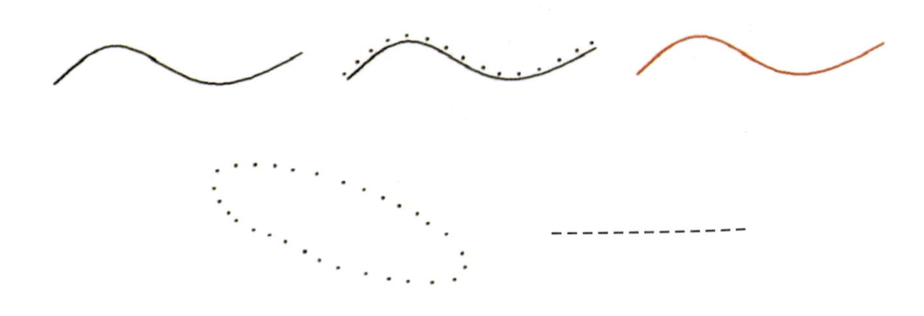

图 6 - 6　各种地质界线符号

第七节 资料整理

资料整理及综合研究过程，是将搜集到大量的第一手资料加以去粗取精、去伪存真的改造制作过程，也就是感性认识上升到理性认识的重要过程，通过整理和研究，将会对调查区的地质特征和矿产分布规律做出较为正确的判断，以利于指导找矿实践和下一阶段工作顺利开展。

调查工作中搜集到大量的原始资料，包括文字记录、表格数据、素描照片、实物图件等是综合研究物和编写最终报告的基础，要求其内容真实、准确、全面、文图符合、清晰美观，原始资料和图件不宜清抄、清绘和涂改。在整个过程中，要求边调查、边整理、边综合研究，把综合研究贯穿到整个地质调查工作中。

资料整理程序，按工作性质和时间分为：当日整理，阶段整理，年度整理和最终整理。

当日整理：在当日野外工作结束后进行，要求当日的事当日毕，发现问题及时纠正解决。

阶段整理：在每一项野外工作结束后进行，其任务是核对各种资料，清理各个阶段成果，进行初步综合研究，写出阶段小结。

年度整理：在每年度的野外工作结束后进行，较系统地整理、综合研究各种资料成果，编制年度工作总结。

最终整理：全部野外工作结束后进行，在各项原始资料、综合资料齐全的前提下，进行全面的、系统的、有条理的分析和归纳，提出对调查区的地质矿产方面较符合客观实际的认识，编制各种图件和编写地质调查报告书，最终审批验收。

1∶5 万区域地质调查报告是成矿远景区的基础性地层矿产资料，是一定阶段对成矿远景区地层特征和成矿规律认识的总结，是有计划地开展矿产普查勘探工作的重要依据。因此，必须以严肃的态度认真编写。

编写时要全面系统地整理和综合研究全部野外搜集的地质矿产物化探、重砂和钻探资料，研究各种成果，并精确地反映在报告和相应的图件内。

报告内容要符合实际，简明扼要，重点突出，通俗易懂，文图表一致。

地质报告内容的基本章节如下：

第一章 绪言

(1)工作目的与任务。

工程地质野外实习的目的、要求、日期及组织形式，教学实习方法和教学实习安排，如人员组织，工作量，工作年月日，取得工作成果，存在的主要问题。

(2)行政区别及自然地理。

①地理位置：简单说明一下省(自治区、直辖市)、市、县等行政单位。如距行政区市、县、村多少千米，属哪一国际分幅、经度等。

②河流山川地形，地势特点，山川地形，山脉名称及走向，在山脉的何部位，主要水系及流域，河流名称，绝对高程与相对高程，地貌类型及地下水概况等。

③交通情况：铁路、公路、大路、水路、汽车、人力(附交通位置图)。

④气候条件及气候类型：最高与最低温度、月份、雨季、雨量、霜、雪、气候类型，植被情况，露头情况等。

⑤居民情况:民族、居民点、劳动力、粮食供应等。

⑥经济情况:工业、水电、水泥、化纤、矿产等。农业:农作物、烟、木材、毛竹、松香等及商业等。

第二章 地层岩性

(1)区域地层概述:简述地质教学实习区出露的地层及分布的特点,然后按地层时代由老至新进行地层描述。分段描述各时代地层时应包括分布及发育概况、岩性和所含化石、与下伏地层的接触关系、厚度等(附素描图)。附实测地层剖面图、斜层理、泥裂素描图。由新到老列出本区地层简表。

(2)岩层:描述各种岩体的岩石特征、产状、形态、规模、出露地点、所在构造部位以及含矿情况(附剖面图、素描图)。要分别插入各地层单元实测剖面图、柱状对比图、接触关系素描图及照片等。尽可能按沉积旋回来划分地层。

(3)岩浆岩:总述区内岩浆岩的种类、旋回、期次、岩体分布特征。

①火山岩:种类、分布、岩石类型。

a. 各类岩石特征:包括客观特征,镜下特征,副矿物特征,微量元素化学特征。

b. 岩浆演化特征:包括大的旋回,小的韵律。

c. 火山构造及其特征:包括火山机构、火山与构造关系等。

d. 火山喷发、火山构造与矿产的关系。

②侵入岩:由老至新分期次加以描述,描述内容包括侵入层位,接触关系产状,岩性、副矿物、微量元素化学特征,蚀变,含矿性以及时代确定。

③脉岩:由老至新、由超基性—酸性进行描述。常见是辉绿岩和石英斑岩。

④变质岩(包括区域变质、混合变质和动力变质岩):阐述其分布范围,岩石特征,变质类型及原因,原岩成分恢复等。

(4)第四系:按成因类型分别叙述其特征。

第三章 地质构造

(1)概述区内大构造位置(一级和二级构造)构造类型、分布及主要构造轮廓,要附构造纲要图。说明各旋回构造层的构造特点,各旋回构造层的划分根据。划分出哪些旋回构造层,列出构造层,组成地层,沉积特点,岩层厚度,构造运动与岩浆活动等。

①加里东旋回构造层的构造特征。

②海西—印支旋回构造层的构造特征。

③燕山旋回构造层的构造特征。

④喜马拉雅旋回构造层的构造特征。

(2)分别叙述地质实习区的褶皱、断裂、节理等地质构造。

①褶皱:褶皱名称(如背斜、向斜),组成褶皱核部地层时代及两翼地层时代、产状、枢纽、轴面、展布情况,次级褶皱方向与主褶皱的关系,褶皱横剖面及纵剖面特征(附素描图、剖面图),并附轴面和枢纽的水平投影。褶皱与岩浆岩和矿产的关系等。

②断层:断层名称,断层性质,上盘及下盘(或左、右盘)地层时代,断层面的产状,断层证据(附素描图、剖面图)。断层名称、分布位置、断层带、断层面、断层标志、断层性质、野外识别标志、规模大小,如长度、形态、产状、断裂特征、力学性质、生成过程、时代、断层与褶皱的关系、断裂与岩浆和矿产的关系等。

③节理：节理组数、方向、发育程度及调查方法、与实习区内构造的关系。附节理走向或倾向玫瑰花图。

④阐述褶皱与断裂在空间分布上的特点。

⑤地质教学实习区内构造成因分析。

(3)地质发展史。

根据地层的顺序、岩性特征、接触关系、构造运动情况、岩浆活动过程等，说明地质实习区地质历史上有哪些阶段，每个阶段有哪些事件和特征。

第四章　水文地质条件

调查实习区内水系、河流及其支流、湖泊、泉水的分布，该区域降雨量、径流量的大小等。

第五章　不良地质现象及治理措施

调查当地的主要地质灾害的类型、分布，以及地质灾害对当地的交通及居民生产、生活的影响等。对各种不良地质现象进行分类描述，包括其具体的分布范围、规模、形成原因、特征、具体分类、稳定性分析及评价与治理措施等。

第六章　矿产资源

调查和了解区域内各种矿产资源，包括其产状规模，蚀变类型特征，矿石结构构造、成分、品位、脉石结构构造、成分，成矿母岩，控矿构造，找矿标志等。

第七章　结束语

说明地质教学实习获得哪些主要成果，体会、感想、意见。

地质教学实习报告中，文字要工整，图件要美观。报告应有封面、题目、班级、组别姓名、编制日期等，并进行装订。地质图应有地层分界线、地质构造线及各个观察点，各类地层要用色彩按地层的新老关系由浅到深进行填充。在图上还应该勾勒出不良地质现象的范围。地质报告控制在5000字左右，并有20幅以上的插图，注意文字流畅，简明扼要，术语使用正确，概念清楚，书写工整。

实习结束后应提交野外实习记录本、实习总结、实习报告、实际材料图、实测剖面图、赤平投影图、节理玫瑰花图等资料。

第七章　地质构造的观察与分析

地质构造是指组成地壳的岩层和岩体在内外动力地质作用下发生的变形，从而形成诸如褶皱、节理、断层、劈理以及其他各种面状和线状构造等。研究由内动力地质作用所形成的各种地质构造的形态、产状、规模、形成条件、形成机制、分布和组合规律及其演化历史，进而探讨产生地质构造的地壳运动的方式、规律和动力来源。应用地质构造的客观规律指导生产实践，解决矿产分布、水文地质、工程地质、地震地质及环境地质等方面有关的问题。

地质矿产的分布是受一定的地质构造控制的，矿产的形成需要有成矿物质运移的通道和沉淀、赋存的场所，这些通道和场所与地质构造有极其密切的联系，如石油和天然气常分布于背斜的顶部或具圈闭条件的断裂构造中。另一方面，许多已形成的矿产还会遭受后来地质构造的影响而移位，如测区中的煤矿资源常常由于断层作用而尖灭。许多工程建设中也必须对场地压覆矿产资源进行调查。

破坏性地震常给人民的生命财产带来很大的损失。绝大多数地震活动是现代地壳运动的反映，因而震源与地质构造，特别是与断裂构造的关系极为密切。在研究发震规律和地震预报工作中，研究区域构造特征及近代构造活动规律，是地震地质工作一项十分重要的基础工作。

许多工程建设，如水库、堤坝、桥梁、隧道或大型地下工程等，都要先查明工程地区地质构造情况，对地基稳定性做出评价，为工程设计和施工提供地质依据。地下水的活动和富集，与地质构造有密切关系，只有认识了地质构造特征，才能更有效地寻找地下水。

第一节　褶皱

一、褶皱的定义

岩层受力而发生弯曲变形称为褶皱，岩层在构造运动作用下，或者说在地应力作用下，改变了岩层的原始产状，使岩层发生倾斜，褶皱的形态是多种多样的，但其基本的形态有两种，分别为背斜和向斜。岩层弯曲向上凸出，核部地层时代老，两翼地层时代新称为背斜；岩层弯曲向下凹陷，核部地层时代新，两翼地层时代老称向斜，如图 7－1 所示。

二、褶皱的要素

褶皱主要的要素有核部、翼部、转折端、褶轴、枢纽、轴面、轴迹、脊线、槽线等，如图 7－2 所示。

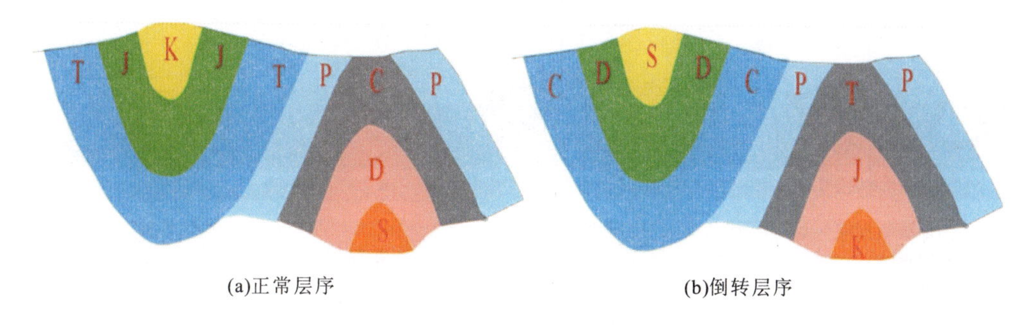

(a)正常层序　　(b)倒转层序

图 7-1　背斜与向斜

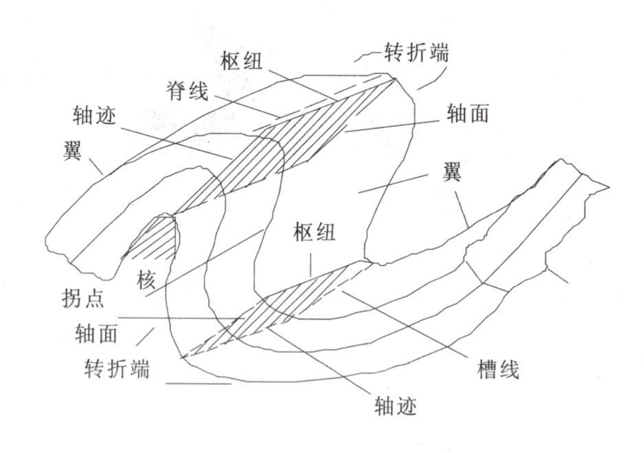

图 7-2　褶皱要素图示

三、褶皱的分类

(1)根据轴面产状分:①直立褶皱;②斜歪褶皱;③倒转褶皱;④平卧褶皱;⑤翻卷褶皱。如图 7-3 所示。

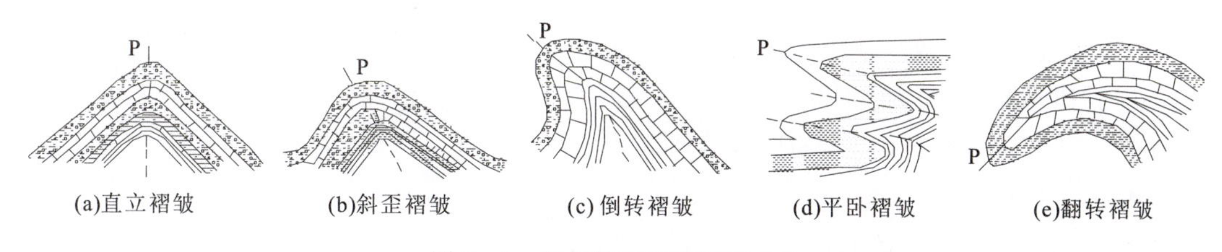

(a)直立褶皱　(b)斜歪褶皱　(c)倒转褶皱　(d)平卧褶皱　(e)翻转褶皱

图 7-3　根据轴面产状褶皱分类

P. 横剖面上的轴迹

(2)根据横剖面形态分:①扇形褶皱;②箱形褶皱;③单斜褶皱。如图 7-4 所示。

(3)根据枢纽产状分:①水平褶皱;②倾伏褶皱。如图 7-5 所示。

四、褶皱的野外观察和描述方法

对小型褶曲构造,可通过几个出露在地面的基岩露头进行观察;对大型褶曲构造可采用穿越法,沿着选定的路线,垂直走向进行观察,以了解岩层的产状、层序及新老关系。采用追索法

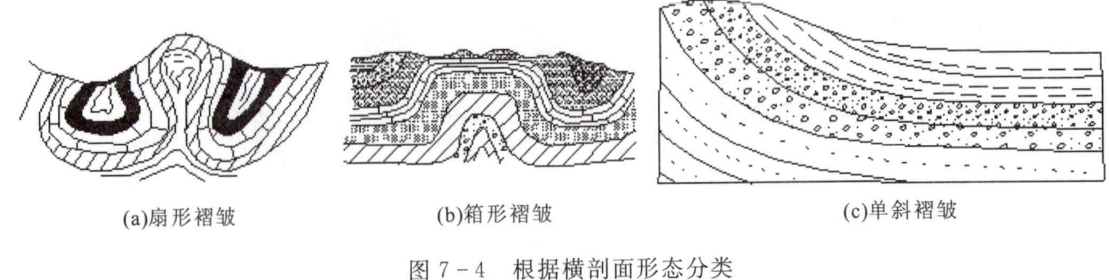
(a)扇形褶皱　(b)箱形褶皱　(c)单斜褶皱

图 7-4　根据横剖面形态分类

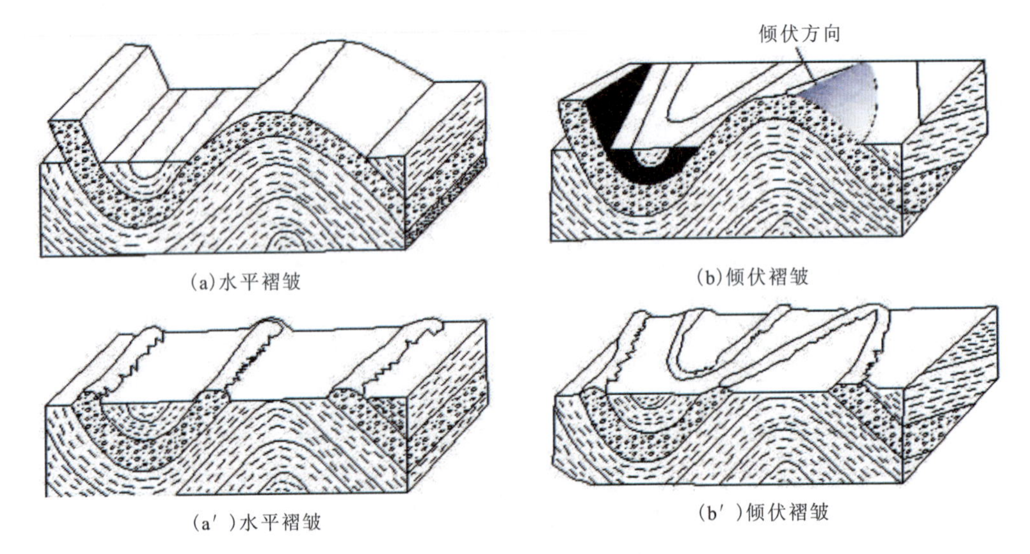

(a)水平褶皱　(b)倾伏褶皱

(a′)水平褶皱　(b′)倾伏褶皱

图 7-5　根据枢纽产状分类

(a)(b)地面未受剥蚀的情况;(a′)(b′)地面受到剥蚀变平

平行岩层走向进行观察,以查明褶皱延伸的方向及其构造变化情况。

(1)定点观察和制图,记录褶皱的地理位置和所处的大褶皱部位。

(2)观察褶皱发育特征及相关地质现象:

①褶皱核部和两翼的地层及岩性。

②褶皱两翼、枢纽和轴面等要素的产状。

③褶皱对称性。

④褶皱在能干性不同的岩层中发育的差异性。

⑤褶皱伴生组合要素及各自表现特征。

⑥尽可能搜集不同部位岩层厚度及其变化等原始资料并在正交剖面上拍照。

(3)确定类型,推断时代和成因。根据褶曲的形态、两翼岩层和枢纽的产状确定出褶皱的类型,综合归纳和深入研究,对其成因机制和运动学进行解释。

五、褶皱的工程地质评价

褶皱的核部:岩层强烈变形的部位,一般在背斜的顶部和向斜的底部发育有拉张裂隙。这些裂隙把岩层切割成块状。在变形强烈时,沿褶皱核部常有断层发生,造成岩石破碎或形成构造角砾岩带。此外，地下水多聚积在向斜核部，背斜核部的裂隙也往往是地下水富集和流动的通道。由于岩层构造变形和地下水的影响，所以公路、隧道工程或桥梁工程在褶皱核部容易遇到工程地质问题。

褶皱的翼部：在褶皱两翼形成倾斜岩层容易造成顺层滑动，特别是当岩层倾向与临空面坡向一致，且岩层倾角小于坡角，或当岩层中有软弱夹层，如有云母片岩、滑石片岩等软弱岩层存在时应慎重对待。

褶皱构造的规模、形态、形成条件和形成过程各不相同，而工程所在地往往仅是褶皱构造的局部部位。对比和了解褶皱构造的整体乃至区域特征，对于选址、选线及防止突发性事故是十分重要的。

第二节　断层

一、断层的定义

断层是地壳岩层因受力达到一定强度而发生破裂，并沿破裂面有明显相对移动的构造。地壳中有一个裂口或破裂带，而且沿着它相邻的岩体发生了运动。断层的规模大小不一，其形态和类型繁多，分布广泛，是地壳中最重要的构造之一。大型断层常构成一个地区的构造格架，不仅控制区域地质的结构和演化，而且影响区域成矿作用和煤田的分布；一些中小型断层直接决定矿床和矿体的形态和产状，对石油、天然气、地下水的分布、运移、储聚也有重要影响。现代活动性断层则直接影响水文工程建筑，甚至引发地震。因此，研究断层具有重要的理论意义和实践意义。

二、断层的要素

1. 断层面

断层的破裂面称为断层面。断层面的形态有平直的，也有舒缓波状的，断层面的产状有直立的，也有倾斜的。断层面可以用走向、倾向和倾角三要素来表示。有的断层找不到一个完整的断层面，而是一个断层破碎带。破碎带的宽度一般为数十厘米至数十米。

2. 断盘

断层面两侧相对位移的岩块称为断盘。相对上升的岩块称为上升盘；相对下降的岩块称为下降盘。当断层面倾斜时，位于断层面上方的岩块称为上盘；位于断层面下方的岩块称为下盘。如图 7 - 6 所示。

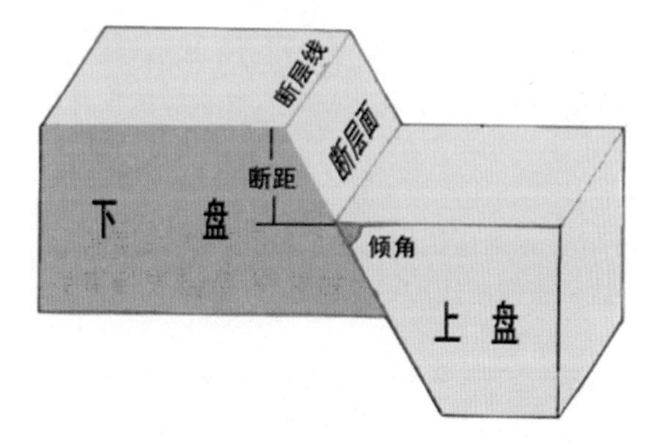

图 7 - 6　断层要素示意图

3. 断层线

断层面与地面的交线称为断层线。

若地面平坦，断层线的方向代表断层的走向。若地面起伏不平，断层在地表的出露线就不能反映断层的延伸方向。断层线有时呈直线，有时呈曲线，主要取决于断层面的形状及地形起伏情况。

三、断层的分类

1. 按断层两盘相对运动方式分类

根据断层两盘的相对运动，可将断层分为正断层、逆断层和平移断层，如图 7－7 所示。

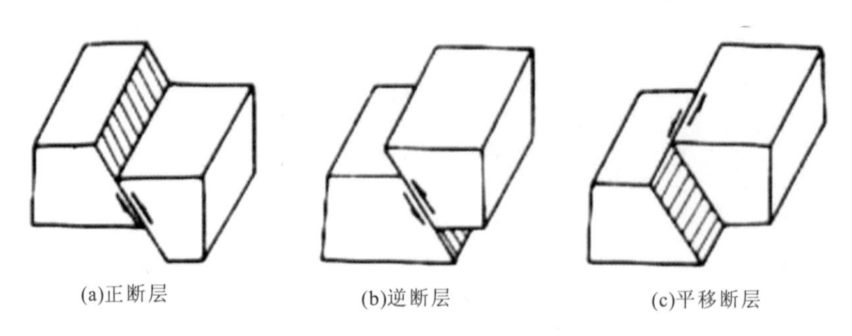

(a)正断层　(b)逆断层　(c)平移断层

图 7－7　常见断层立体示意图

1）正断层

正断层的上盘沿断层面相对向下滑动，下盘相对向上滑动[图 7－7(a)]，正断层倾角一般较陡，大多在 45°以上，常大于 60°。通常中小型正断层带内岩石破碎相对不太强烈，角砾岩中的角砾多带棱角，超碎裂岩较不发育，一般没有强烈挤压形成的复杂小褶皱。

2）逆断层

逆断层的上盘沿断层面相对向上滑动，下盘相对向下滑动[图 7－7(b)]。根据断层面倾角大小，可分为高角度逆断层和低角度逆断层。高角度逆断层面倾斜陡峻，倾角大于 45°；倾角小于 45°(一般多在 30°左右或更小)的逆断层，称为低角度逆断层。逆冲断层常常显示出强烈的挤压破碎现象，如断层带常形成角砾岩、碎粒岩和超碎裂岩等断层岩，以及反映强烈挤压的揉皱和劈理化等现象。

大型逆冲断层的上盘因是从远处推移而来的，故称其为外来岩块，下盘则因相对未动而称为原地岩块。推覆体是指外来岩块，总体呈平板状。逆冲断层与推覆体共同构成逆冲推覆构造(或称推覆构造)。逆冲推覆构造形成后，该地区遭受强烈侵蚀切割，将部分外来岩块剥掉而露出下伏原地岩块，表现为在一片外来岩块中露出一小片由断层圈闭的原地岩块，常常是较老地层中出现一小片由断层圈闭的较年轻地层，这种被断层圈闭的地质体为构造窗。如果剥蚀强烈，在大片原地岩块上地势较高的地方仅残留小片孤零零的外来岩块，表现为在原地岩块中残留一小片由断层圈闭的外来岩块，常常是较年轻的地层中出现一小片由断层圈闭的较老的地层，这种被断层圈闭的地质体为飞来峰。

3）平移断层

平移断层是断层两盘顺断层面走向相对移动的断层[图 7－7(c)]。规模巨大的平移断层常称为走向滑动断层(简称走滑断层)。根据两盘相对滑动的方向，又可进一步命名为右行平移断层和左行平移断层。左行或右行是指垂直断层走向观察断层时，对盘向右滑动为右行，向左滑动为左行。平移断层面一般较陡，甚至直立。

2. 根据断层走向与岩层走向的关系划分(图 7－8)

(1)走向断层：断层走向与岩层走向基本一致。

(2)倾向断层：断层走向与岩层走向基本垂直。

(3)斜向断层：断层走向与岩层走向斜交。

3. 根据断层走向与褶皱轴向之间的几何关系划分(图 7－9)

(1)纵断层：断层走向与褶皱轴向基本一致。

(2)横断层：断层走向与褶皱轴向基本垂直。

(3)斜断层：断层走向与褶皱轴向斜交。

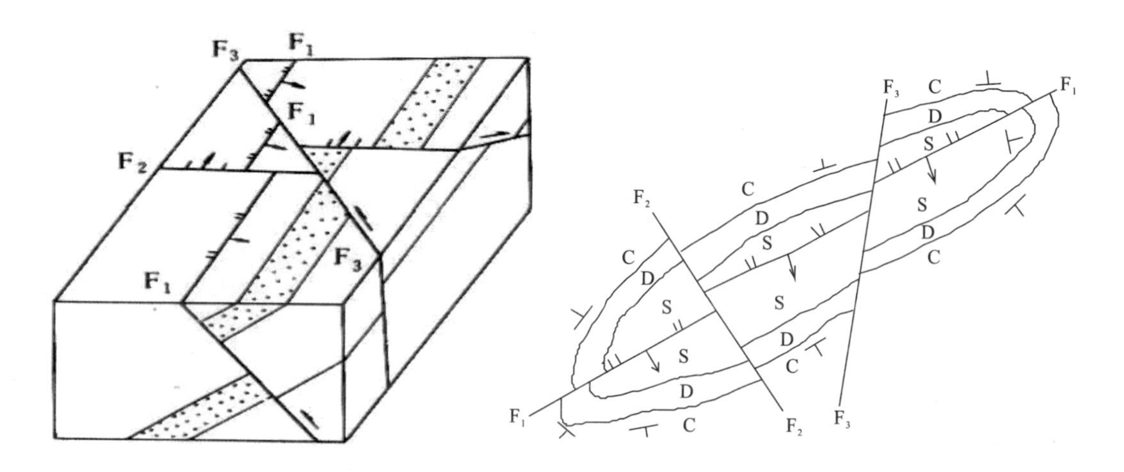

图 7－8　断层与岩层产状的关系示意图

F_1. 走向断层；F_2. 倾向断层；F_3. 斜向断层

图 7－9　断层与褶皱轴向的关系

F_1. 纵断层；F_2. 横断层；F_3. 斜断层

四、断层的野外观察和描述方法

野外对断层进行观察和描述，应首先准确识别和确定断层，进而测定断层层面产状和两盘相对运动，以确定断层性质(正、逆或平移或其组合断层)，然后测定分析断层规模和组合关系，分析断层在区域构造中的地位和形成机制。

1. 断层的观察和描述

(1)观察、搜集断层存在的标志。如在岩层露头上有断层的迹象，要观察、搜集断层存在的证据，如：断层破碎带、断层角砾岩、断层滑动面、牵引褶曲；断层地形如断层崖、断层三角面、错断的山脊；水系特征如串珠状湖泊、被错断的河流、洼地、泉水呈线性分布。

(2)确定断层的产状。测量断层两盘岩层的产状、断层面的产状、两盘的断距等，确定断层的产状。

(3)确定断层两盘运动方向。根据擦痕、阶步、牵引褶曲、地层的重复和缺失现象确定两盘的运动方向，上盘、下盘；上升盘、下降盘等。

(4)确定断层的类型。根据断层两盘的运动方向、断层面的产状要素、断层面产状和岩层产状的关系确定出断层的类型，其是正断层、逆断层；走向断层、倾向断层；直立断层、倾斜断层等。

(5)破碎带的详细描述。对断裂破碎带的宽度、断层角砾岩、填充物质等情况要详细加以描述。

(6)素描、照相和采集标本。

2.断层两盘相对运动方向的确定

(1)断层两盘地层的新老关系分析中注意断层造成的地层重复或缺失。

(2)牵引构造：牵引构造即断层两盘中紧邻断层面的岩层发生弧形弯曲而形成的牵引褶皱。

(3)擦痕和阶步：分析中注意多次构造运动造成早期形成擦痕的破坏和后期形成擦痕的叠加。

(4)羽状节理：羽状节理与主断层所交锐角指示节理所在盘的运动方向。

(5)断层两侧小褶皱：断层两盘错动常常使两侧岩层形成复杂紧闭小褶皱，其轴面与主断层常成小角度相交，所交锐角指示对盘的相对运动方向。

(6)断层角砾岩：根据标志层所形成的角砾分布或断层角砾的规律性排列确定。

五、断层的工程地质评价

(1)断层破坏了岩体的完整性，降低了地基岩体的强度及稳定性；影响边坡、桥墩稳定性。

(2)在断层处进行建筑工程，可能产生不均匀沉降。

(3)隧道工程通过断裂破碎带地段，易发生坍塌甚至冒顶。

(4)沿断裂破碎带地段易形成风化深槽及岩溶发育带。

(5)断裂构造破碎带常为地下水的良好通道。

(6)构造破碎带在新的地壳运动影响下，可能发生新的移动。

第三节　节理

一、节理的定义

节理指岩石在自然条件下形成的裂纹或裂缝，是没有明显位移的断裂。节理是很常见的一种构造地质现象，大量发育的节理可以为矿液的运移、渗透、沉淀提供运移的通道和储聚的场所，同时节理常给水库、大坝、边坡等带来诸多工程隐患。

在同一时期，同一成因条件下形成的，彼此相互平行或近于平行的一群节理叫节理组；在同一构造应力作用下，形成有规律组合的节理组，叫节理系。

二、节理的分类

1.按节理的成因分类

节理按成因可分为原生节理、构造节理和表生节理。

(1)原生节理:指岩石形成过程形成的节理,如玄武岩的柱状节理。

(2)构造节理:是岩石受地壳构造应力作用产生的,这类节理具有明显的方向性和规律性,发育深度较大,对地下水的活动和工程建设的影响也较大。构造节理与褶皱、断层及区域性地质构造有着非常密切的联系,它们常常相互伴生,是工程地质调查工作中的重点对象。

(3)表生节理:又称风化节理、非构造节理,是岩石受外动力地质作用(风、水、生物等)产生的,如由风化作用产生的风化裂隙等,这类节理在空间分布上常局限于地表浅部岩石中,对地下水的活动及工程建设有较大的影响。

2. 按节理与岩层走向的关系分类

(1)走向节理:节理延伸方向大致与岩层走向平行。

(2)倾向节理:节理延伸方向大致与岩层走向垂直。

(3)斜交节理:节理延伸方向与岩层走向斜交。

3. 根据节理与褶皱轴的关系分类

(1)纵节理:节理走向与褶皱轴向平行。

(2)横节理:节理走向与褶皱轴向直交。

(3)斜节理:节理走向与褶皱轴向斜交。

4. 按力学性质进行分类

(1)张节理:在垂直于主张应力方向上发生张裂而形成的节理,叫张节理。张节理大多发育在脆性岩石中,尤其在褶皱转折端等张拉应力集中的部位最发育。

(2)剪节理:岩石受剪应力作用发生剪切破裂而形成的节理,叫剪节理。它一般在与最大主应力呈45°夹角的平面上产生,且共轭出现,呈X状交叉,构成X型剪节理。

如表7-1所示,为剪节理与张节理特征对比表。

表7-1　剪节理与张节理特征对比表

剪节理	张节理
1.产状稳定延伸远	1.产状不甚稳定,延伸不远
2.节理面平直光滑,时有擦痕。未充填岩脉时是闭合的,充填岩脉宽度均匀,脉壁平直,如图7-10所示	2.节理面粗糙,无擦痕,未充填岩脉时是开口的,充填岩脉宽度不均匀,脉壁不平整
3.切穿砾石和粗砂粒	3.绕过砾石和粗砂粒
4.组成共轭X型节理系	4.不规则,有时组成放射状、同心状节理系,雁列张节理
5.主剪裂面由羽状微裂面组成	5.呈平行侧列状
6.具有折尾、菱形结环和分叉特有的尾端构造,反映两组共轭剪节理的结合方式	6.发育杏仁状结环、树枝状分叉等尾端构造

5. 按张开程度进行分类

(1)宽张节理:节理缝宽度>5mm。

(2)张开节理:节理缝宽度3～5mm。

(3)微张节理:节理缝宽度1～3mm。

图 7－10　剪节理面平直光滑

(4)闭合节理：节理缝宽度＜1mm。

三、雁列节理和雁列脉

雁列节理是一组呈雁行式斜列的节理，这类节理常被充填形成雁列脉。

1. 雁列脉的基本要素

雁列带：雁列脉成带状展布的空间范围。

雁列面：穿过各单脉中心而平分雁列带的中心面。

雁列轴：雁列面在雁列带横截面上的迹线。

雁列角：单脉与雁列面的锐夹角。

2. 排列及形态

排列：雁列可分为左列和右列，与左行和右行相对应。如图 7－11 所示。

形态：平直型——窄而长，多属剪裂；S 型和反 S 型——中段较宽，多属张裂，反映了剪切作用中的递进变形。

羽饰构造：在节理面上有时见到自一根中轴向两侧呈辐射状散布的纹饰，形似羽毛，称为羽饰或羽痕。发育的岩石：为岩性比较均一的细粒岩石，如细砂岩、粉砂岩、凝灰岩等。

四、层理、节理、片理、解理

层理是沉积岩的一种岩石构造，节理是一种断裂地质构造，片理是变质岩的一种岩石构造，解理是矿物的一种力学性质。

层理：沉积岩层内部的成层性特征，是沉积物沉积时形成的。这些成层性可以是因沉积物粒度不同体现出来的，也可以是颜色、成分等不同而体现出来的，层比较稳定、明显。层理可以分为水平层理、斜层理、交错层理、波状层理等多种类型，不同类型反映了当时沉积时的介质

图 7－11　雁列节理现场调查照片

(水、空气)动力条件。

节理:岩石在构造力的作用下发生破裂,而且破裂面两侧的岩石没有发生明显位移的一种地质构造。如果两侧岩石发生明显位移了,就称为断层。节理和断层合称为断裂构造。如图 7－12 所示。

(a)节理

(b)层理

图 7－12　节理与层理面区别

片理:部分区域变质岩中片状矿物、柱状矿物定向排列的特征。是因为岩石受到定向压力后(构造压力),组成岩石的矿物发生重结晶作用,使得矿物向压力较小的那个方向延伸生长,造成定向排列现象。

解理:某些结晶矿物受外力后,会始终沿着一定方向发生破裂(即使受力方向不同,破裂面方向仍然相同),并形成光滑破裂面的现象。原因是晶体矿物内部格架中,某些方向化学键较薄弱,容易受破坏。有些矿物有解理,有些则没有。

五、节理的调查和描述

1. 调查的内容

(1)地质背景调查:包括地层、岩性、褶皱和断层的发育。

(2)节理的产状:走向、倾向和倾角。

(3)节理的张开和填充情况:包括张开程度、充填物质等。

(4)节理面的粗糙程度:节理面的形态和结构细节,节理面平直程度,是否有擦痕,羽饰结构等。

(5)节理含矿性和充填物的观察:节理是否被充填以及充填物结晶状态和结晶方位;节理是否含矿以及含矿节理占节理总数的百分数等。

(6)节理的充水情况。

2. 填写节理观测登记表

一般在野外应填写节理观测登记表,如表 7-2 所示。

表 7-2 节理观测登记表

点号及位置	地层时代及岩性	岩层产状和构造部位	节理产状	节理密度(根/m^2)	节理面特征及充填物

六、节理的工程评价

(1)节理的成因:构造节理分布范围广、埋藏深度大,并向断层过渡,对工程稳定性影响较大。

(2)节理的受力特征:张节理比剪节理的工程性能差。

(3)节理产状:倾向和边坡一致的节理稳定性差。

(4)节理密度和宽度:一般用节理发达程度来表示,节理越发达,对工程影响越大。

(5)节理面间的充填物:充填有软弱介质的节理,工程地质条件差。

(6)节理的充水程度:饱水的节理,其稳定性差。

第四节 劈理

一、劈理的定义

劈理是指岩石受力后,具有沿着一定方向劈开成平行或大致平行的密集的薄层或薄板的一种构造。沿着劈开的这种裂面称劈理面,相邻两劈理面之间所夹的薄板状岩片称微劈石。

劈理面的产状也用走向、倾向、倾角表示。

劈理使岩石具有明显的各向异性特征，劈理主要发育在构造变动强烈、应力集中的岩石地段，如褶皱构造的两翼、大断层的两侧及变质岩中，它不一定破坏岩石的完整性，但用力敲击时，岩石则容易沿劈理面劈开。

二、劈理的分类

1. 流劈理

流劈理是岩石受力作用后，由片状、板状或扁平矿物颗粒产生定向排列而成。常见于变质岩中，如板岩中的板理，片岩、片麻岩中的片理等。在平行于矿物定向排列方向上形成易于裂开的劈理面，使岩石具有分割成无数薄片的特征。流劈理比较光滑，间距也小，仅几毫米。如图 7 - 13 所示。

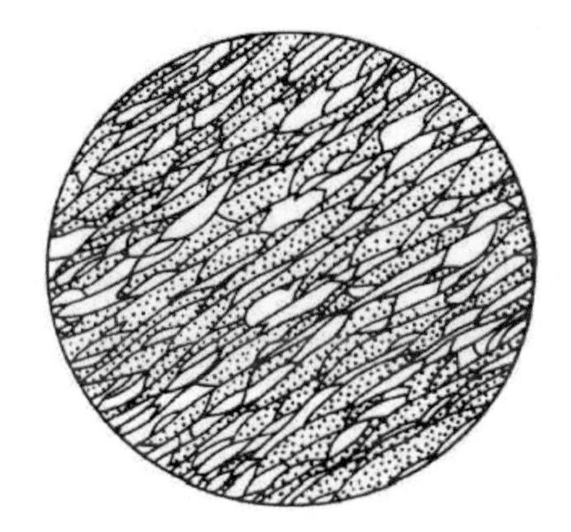

图 7 - 13　大理岩中的流劈理视域直径 3mm

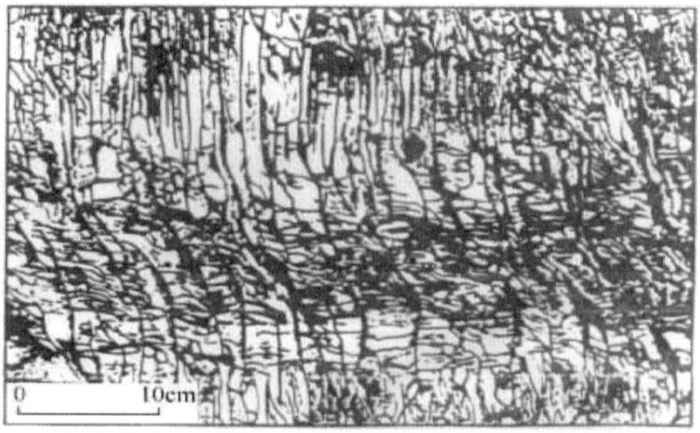

图 7 - 14　砂岩和粉砂岩中的破劈理

（据 A. Beach 照片素描，1982）

上部为粉砂岩，中部为长石绿泥石砂岩，下部为石英砂岩；

劈理域和微劈石的宽度相应由较小变至最宽和最小

2. 破劈理

破劈理是岩石中平行密集，并将岩石切割成薄片状的细微裂隙。它是岩石受剪切作用形成的，与岩石中矿物的定向排列无关。因此，破劈理沿着最大剪切应力方向发育，其间距一般为几毫米至几厘米，大多发育在硬脆岩石间的软弱岩石中或硬脆的薄层岩石中。破劈理与剪节理的区别在于其密集性，其间没有明显的界限。破劈理的基本特征是劈理面平直光滑，近于平行，延伸稳定，密集成带。如图 7 - 14 所示。

3. 滑劈理

滑劈理是岩石中平行密集的细微剪裂面，与破劈理的区别在于沿劈理面有微小的位移，滑劈理大多发育在具有鳞片变晶结构的板岩、千枚岩及片岩中。

三、劈理的野外观察

在岩石强烈变形和变质岩区工作时，应注意对劈理的观察，大量测量其产状并均匀地标注在地质图或构造图上，还要采集定向标本，供室内显微观测或研究用，要区分劈理和层理、测定劈理的间隔等。

在野外,劈理的识别可从以下几个方面进行:

(1)观察劈理的结构及其几何形态,鉴别劈理域和微劈石的岩石化学成分、矿物成分及其相互关系,以区分劈理的类型。切穿不同成分、颜色、粒度岩层的面,可能是劈理面。

(2)观察劈理与岩性之间的关系,劈理在不同岩性的岩层中分布的频度与层面交角可能不同,甚至出现转折或弯曲。逐层测量劈理与层理之间的夹角,以确定劈理的折射现象,进而调查劈理发育特点与岩石间的黏性或能干性差异的关系。

(3)切穿岩层的夹层、透镜体、排列方向密集的破裂面,可能是劈理面。

(4)在强烈变形变质岩石中,劈理的发育常常把层理掩蔽起来。区分层理和劈理,一方面要观察所观测到的平行面状构造是否存在原生沉积标志,如粒级层、交错层、波痕等,特别要努力寻找和追索具有特殊岩性或结构、构造的标志层。通过较大范围的追索和填图,把层理和劈理区分开来,查明两者之间的几何关系和空间展布规律。

(5)单个的劈理面一般延伸不远。

(6)观察劈理与其他构造的生成关系。劈理可以单独出现,但在变形强烈的地区,各种劈理的出现往往与更大规模的褶皱、断层和韧性剪切带有关。

(7)观察劈理与岩石类型和变质条件的关系。劈理的发育状况及其形成机制,在不同类型岩石和变质条件下,是各不相同的。在泥质岩中,机械旋转、压溶作用、定向成核和重结晶作用都可在劈理形成中起作用。在大多数情况下,成岩面理形成于次生面理发育之前。在一些极低级变质条件下,劈理域与成岩组构成一定的夹角关系,而微劈石中成岩面理则发生褶皱作用;在碎屑岩中,连续劈理出现在细粒岩石体中,而不连续劈理则发育在粗粒岩石体中。后一种情况下多伴有压溶作用发生;在灰岩中,劈理发育程度取决于温度的大小和云母的含量,在低温条件下压溶和双晶化作用是颗粒形态组构构成的劈理的重要机制。在高温条件下,晶体性流变和双晶化作用才是灰岩中流劈理的主导形成机理。在变基性岩石中,无论是连续劈理,还是不连续劈理,都是由角闪石、绿泥石、绿帘石和云母及透镜状成分层的定向排列显示出来。在低级变质条件下,机械旋转和新生矿物的定向生长是流劈理的重要形成机制。但在中高级变质条件下,流劈理发育的主导机制是新生矿物的定向生长、重结晶和晶体塑性变形。

第八章　不良地质现象调查

不良地质现象是指对工程建设不利或有不良影响的动力地质现象。它泛指地球外动力作用为主引起的各种地质现象，如崩塌、滑坡、泥石流、岩溶、土洞、河流冲刷以及渗透变形等，它们既影响场地稳定性，也对地基基础、边坡工程、地下洞室等具体工程的安全、经济和正常使用不利。

不良地质现象与人类的生产生活息息相关，了解掌握不良地质现象的形成、发生、危害及相应的防治方法，运用专业知识，科学合理地减少不良地质现象的发生，保证人们的生命财产安全。

第一节　崩塌

一、崩塌的基本概念

崩塌指岩土体在重力和其他外力作用下脱离母体，突然从陡峻斜坡上向下倾倒、崩落和翻滚以及因此而引起的斜坡变形现象，如图 8-1 所示。崩塌通常都是在岩土体剪应力值超过岩体的软弱结构面（节理面、层理面、片理面以及岩浆岩侵入接触带等）的强度时产生。其特点是发生急剧、突然，运动快速、猛烈，脱离母体的岩土体的运动不沿固定的面或带，其垂直位移显著大于水平位移。

崩塌有多种形式。规模巨大的山坡崩塌，称为山崩，规模小称为坍塌；巨大的岩土体摇摇欲坠，尚未崩落时，称为危岩。稳定斜坡上的个别岩块的突然坠落称为落石。如岩块尚未坍落，但已处于极限平衡状态时，称为危岩（石）。斜坡表层的岩土体，由于长期强烈风化剥蚀而发生的经常性岩屑碎块顺坡面的滚落现象，称为剥落。

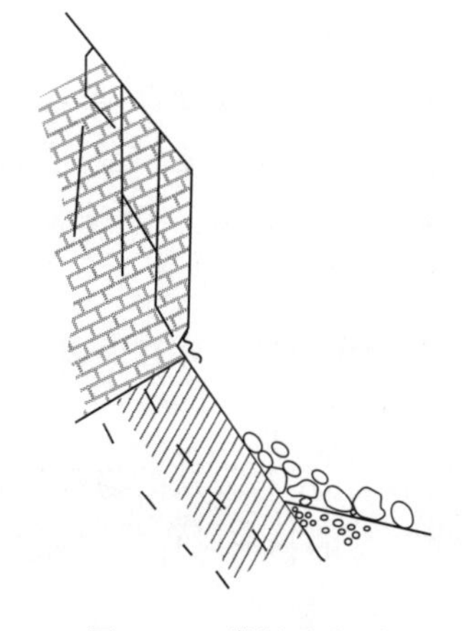

图 8-1　崩塌示意图

二、崩塌产生的基本条件

1. 崩塌形成的内在因素

1）地貌条件

崩塌多发生在坡度大于 55°的高陡斜坡、孤立山嘴或凹形陡坡地形；以及河流强烈切割、地势高差较大、坡度陡峻的高山峡谷区、水库库岸；或者发生于铁路、公路边坡、工程建筑边坡及其各类人工边坡等地段。

2)地质条件

崩塌作用主要发生在对山坡体切割、分离的节理、裂隙面、岩层面、断面等地质构造面，特别是具垂直节理的坚硬、脆性块状结构的岩层上。如果这些坚硬岩层与软弱岩层互层就更容易风化掏蚀，使坚硬岩层突悬发生崩塌。构造运动强烈、地层挤压破碎、地震频繁的地区容易发生崩塌现象。

由坚硬、脆性的岩石(厚层石灰岩、花岗岩、石英岩、玄武岩等)构成较陡的斜坡，如其构造、卸荷节理发育，并存在深而陡的、平行于坡面的张裂隙时，有利于崩塌落石的发生，如图 8-2(a)所示。

软硬岩互层(如砂岩与页岩互层、石灰岩与泥灰岩互层等)构成的陡峻斜坡，由于抗风化能力的差异，常形成软岩凹、硬岩凸的斜坡，也易形成崩塌落石，如图 8-2(b)所示。

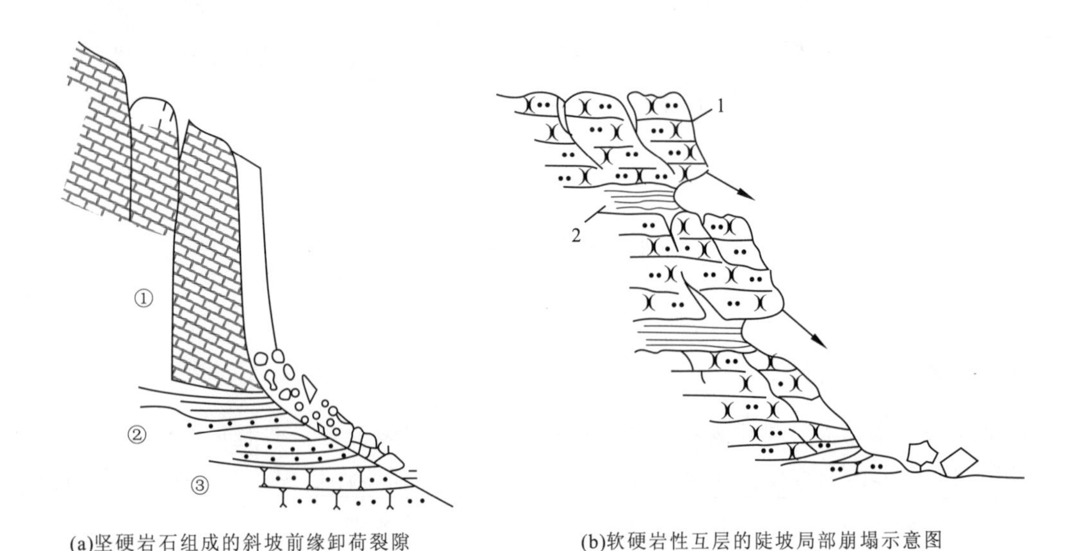

(a)坚硬岩石组成的斜坡前缘卸荷裂隙　　(b)软硬岩性互层的陡坡局部崩塌示意图

图 8-2　地质条件导致崩塌示意图

①灰岩;②砂页岩互层;③石英岩;1.砂岩;2.页岩

黄土垂直节理发育，形成的陡坡，极易产生崩塌。

陡坡上部为坚硬岩石，下部为易溶岩或软岩(如煤系地层)时，或受河水冲蚀破坏，或受人为活动的变形影响，硬岩受张应力的作用，裂隙进一步向深部发展，当形成连续贯通的分离面时，便易形成大型崩塌。

2. 崩塌形成的外在因素

1)气候条件

崩塌作用与强烈的物理风化作用密切相关。在日温差、年温差较大的干旱和半干旱区、冻-融交替的物理风化作用强烈。只要有陡崖、陡坎、陡坡的地方都可能出现崩塌。

2)强烈振动

强烈的地震、大爆破、列车的反复震动，可促使或诱发崩塌落石的产生。一般烈度大于 7 度以上的地震都会诱发大量崩塌，在汶川大地震过程中较陡的山体基本都产生大量的崩塌岩体，如图 8-3 所示。

3)工程开挖边坡

人类工程活动中边坡开挖过高过陡,破坏了山体平衡,会促使崩塌的发生。道路线路走向与区域性构造线平行贴近,且采用深挖方时,崩塌落石灾害发育。

4)水库蓄水、河流冲刷侵蚀

水是引起崩塌最活跃的因素之一,绝大多数崩塌都发生在雨季或暴雨之后。河(江)水的波浪淘刷作用以及雨水渗入岩土体,增加了质量,加大了静水压力,冲刷、溶解和软化了裂隙充填物形成的软弱结构面,都会引起崩塌的产生。

5)矿产资源开采

矿产资源开采形成高陡边坡、采空区,在其他因素触发下易产生崩塌、落石,甚至大规模的灾难性崩塌灾害。

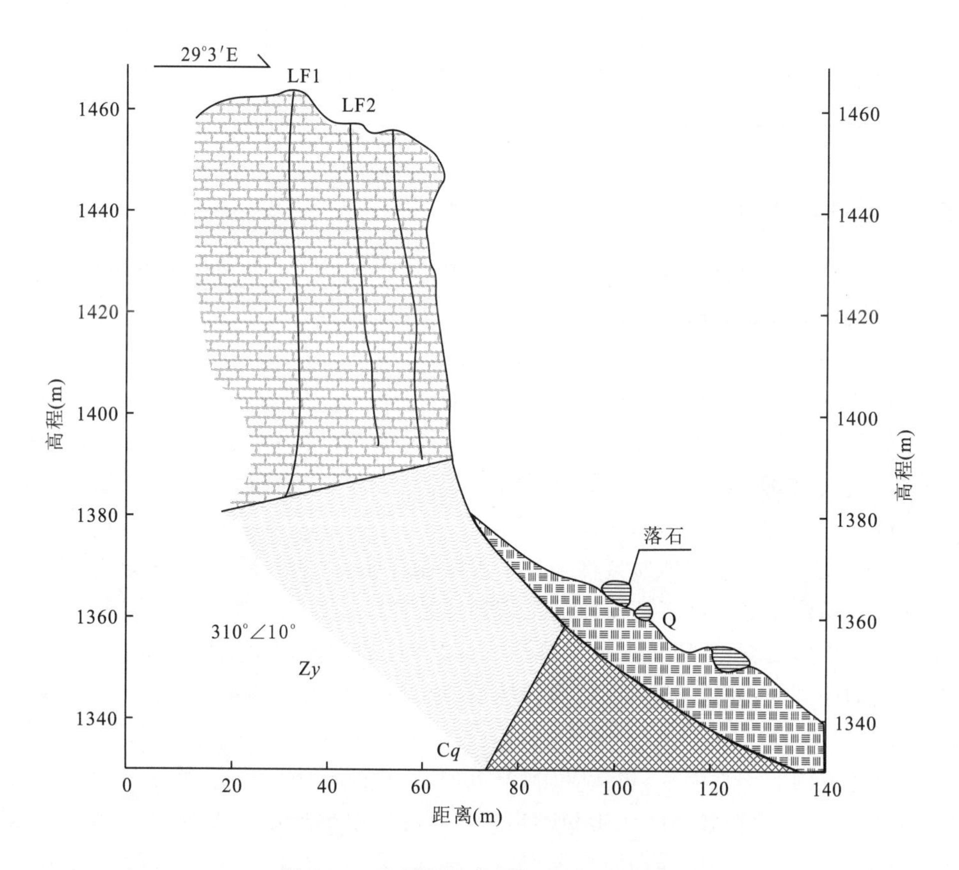

图 8-3　汶川地震青川县麻柳沟崩塌体

三、崩塌类型

按崩塌形成机理划分,可以分为倾倒式崩塌、滑移式崩塌、鼓胀式崩塌、拉裂式崩塌、错断式崩塌,详见表 8-1。

表 8-1　崩塌形成机理分类及特征表

类型	岩性	结构面	地形	受力状态	起始运动形式
倾倒式崩塌	黄土、直立或陡倾坡内的岩层	多为垂直节理、陡倾坡内直立层面	峡谷、直立岸坡、悬崖	主要受倾覆力矩作用	倾倒
滑移式崩塌	多为软硬相间的岩层	有倾向临空面的结构面	陡坡坡度通常大于55°	滑移面主要受剪切力作用	滑移
鼓胀式崩塌	黄土、黏土、坚硬岩层下伏软弱岩层	上部垂直节理，下部为近水平的结构面	陡坡	下部软岩受垂直挤压作用	鼓胀伴有下沉、滑移、倾斜
拉裂式崩塌	多见于软硬相间的岩层	多为风化裂隙和重力拉张裂隙	上部突出的悬崖	拉张作用	拉裂
错断式崩塌	坚硬岩层、黄土	垂直裂隙发育，通常无倾向临空面的结构面	大于45°的陡坡	自重引起的剪切力作用	错断

四、危岩和崩塌的调查内容

危岩和崩塌的涵义有所区别：危岩是指岩体被结构面切割，在外力作用下易产生松动和塌落的岩体；崩塌是指危岩的塌落过程及其产物。

危岩与崩塌的调查内容主要包括以下几个方面：

(1)危岩体位置、形态、分布高程、规模。

(2)危岩体及周边的地质构造、地层岩性、地形地貌、岩(土)体结构类型、斜坡结构类型。岩土体结构应初步查明软弱(夹)层、断层、褶曲、裂隙、裂缝、临空面、两侧边界、底界(崩滑带)以及它们对危岩体的控制和影响。

(3)危岩体及周边的水文地质条件和地下水赋存特征。

(4)危岩体周边及底界以下地质体的工程地质特征。

(5)危岩体变形发育史，历史上危岩体形成的时间，危岩体发生崩塌的次数、发生时间，崩塌前兆特征、崩塌方向、崩塌运动距离、堆积场所、崩塌规模、引发因素，变形发育史、崩塌发育史、灾情等。

(6)危岩体成因的动力因素，包括降雨、河流冲刷、地面及地下开挖、采掘等因素的强度、周期以及它们对危岩体变形破坏的作用和影响。在高陡临空地形条件下，由崖下硐掘型采矿引起山体开裂形成的危岩体，应详细调查采空区的面积、采高、分布范围、顶底板岩性结构，开采时间、开采工艺、矿柱和保留条带的分布，地压现象(底鼓、冒顶、片帮、鼓帮、开裂、压碎、支架位移破坏等)、地压显示与变形时间，地压监测数据和地压控制与管理办法，研究采矿对危岩体形成与发展的作用和影响。

(7)分析危岩体崩塌的可能性，初步划定危岩体崩塌可能造成的灾害范围。

(8)危岩体崩塌后可能的运移斜坡，在不同崩塌体积条件下崩塌运动的最大距离。在峡谷区，要重视气垫浮托效应和折射回弹效应的可能性及由此造成的特殊运动特征与危害。

(9)危岩体崩塌可能到达并堆积的场地的形态、坡度、分布、高程、地层岩性与产状及该场地的最大堆积容量。在不同体积条件下，崩塌块石越过该堆积场地向下运移的可能性，最终堆积场地。

(10)调查崩塌已经造成的损失，崩塌进一步发展的影响范围及潜在损失。

崩塌(不稳定斜坡)稳定性野外判别按表 8-2 确定。

表 8-2　崩塌(不稳定斜坡)稳定性野外判别

环境条件	稳定性差	稳定性较差	稳定性好
地形地貌	前缘临空甚至三面临空，坡度>55°，出现“鹰咀”崖，顶底高差>30m，坡面起伏不平，上陡下缓	前缘临空，坡度>45°，坡面不平	前缘临空，坡度<45°，坡面较平，岸坡植被发育
地质结构	岩性软硬相间，岩土体结构松散破碎，裂缝裂隙发育切割深，形成了不稳定的结构体，不连续结构面	岩体结构较破碎，不连续结构面少，节理裂隙较少。岩土体无明显变形迹象，有不规则小裂缝	岩体结构完整，不连续结构面少，无节理、裂隙发育。岸坡土堆较密实，无裂缝变形
水文气象	雨水充沛，气温变化大，昼夜温差明显。或有地表径流、河流流经坡脚，水流急，水位变幅大，属侵蚀岸	存在暴雨引发因素	无地表径流或河流水量小，属堆积岸，水位变幅小
人类活动	人为破坏严重，岸坡无护坡。人工边坡坡度>60°，岩体结构破碎	修路等工程开挖形成软弱基座陡崖，或下部存在凹腔，边坡角 40°～60°	人类活动很少，岸坡有砌石护坡。人工边坡角<40°

五、崩塌、落石的主要防治措施

崩塌、落石常突然发生，危害性大，性质复杂。当建设场地及线路必须通过这类地段时，则应采取防治措施，以保证建筑及运营安全。常用的防治措施按表 8-3 确定。

表 8-3　防治崩塌、落石的措施

措施	适用条件	具体措施
拦截	如边坡或山坡基本稳定，但岩石风化破碎，雨季中常有坠石、剥落和小型崩塌，且修建其他防护工程费用太大时，可在坡脚下或半坡上设置拦截建筑物	1.线路距崩落坡脚有足够宽度，且斜坡下部有小于 30°的缓山坡时，可设置落石平台，拦石堤或落石槽等，以停积崩塌物质。 2.当没有条件设置落石平台或落石槽时，可考虑修建挡石墙。 3.如已建有路堑挡土墙，而山坡上出现小型崩塌落石时，也可将路堑挡土墙加高，以拦截坠石。以上措施都应根据具体条件加铺垫层，以减轻石块坠落的冲击力。 4.利用废旧钢轨、钢钎及钢丝等物编制钢轨或钢钎栅栏、落石网等来拦截落石
支挡	斜坡基本稳定，坡面有岩石突出或有不稳定的大孤石，清除有困难时	可在孤石下面修支柱、支垛、支墩、支挡墙或用锚索、锚杆等支撑稳固危岩孤石
护面	基本稳定，但易风化剥落的软质岩石边坡地段	对陡边坡可采用护面墙，对缓边坡可采用护坡或喷浆、抹面，这些加固措施虽然不能承受重大的侧向压力，但依靠其本身的重量和厚度，仍可起到一定的支撑防护作用
镶补	对基本稳定，但有张开裂隙、空洞，可能引起崩塌落石的硬质岩石，或软硬岩石相间的坡面	可用片石混凝土填补空洞，镶嵌、灌浆，水泥砂浆勾缝，锚栓等方法予以加固

续表 8-3

措施	适用条件	具体措施
清除、刷坡	危岩、孤石、突出的山咀以及岩层表面风化破碎等	对边坡上或坡顶的大孤石、危岩可采用局部爆破清除，也可对高陡边坡进行刷坡至稳定坡率
遮挡	山坡不稳定的中小型崩塌地段或由于人工切割高边坡，引起山体崩塌变形的地段	修建明洞、棚洞等遮挡建筑物，既可遮挡边坡上部崩塌落石，又可加固边坡下部，起到稳定和支撑边坡的作用
排水	有水活动的地段	可根据地表径流资料，布置排水建筑物，进行截拦疏导

支撑主要用来防治陡峭斜坡顶部的危岩体、滚石、孤石，防止其崩落、滚落，如图 8-4 所示。

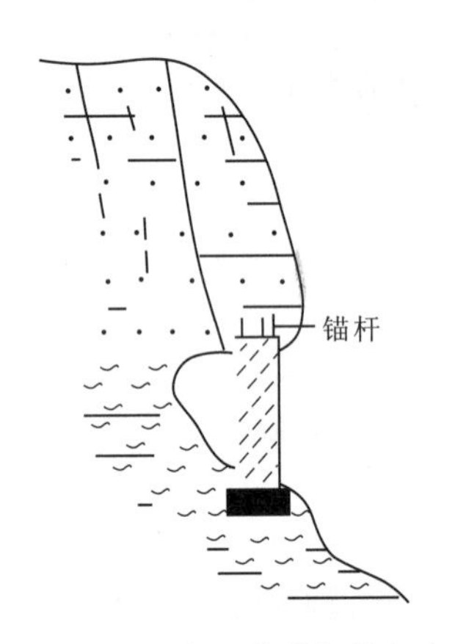

图 8-4　混凝土支撑保护危岩

第二节　滑坡

一、滑坡的涵义

滑坡系指斜坡上的岩土体受降雨、地下水活动、河流冲刷、地震及人工切坡等因素影响，在重力作用下沿着一定的软弱面或软弱带，整体地或者分散地顺坡向下滑动的地质现象。滑体水平移动分量一般大于垂直移动分量。

斜坡(边坡)失稳会形成滑坡。由于设计或施工不当，或因地质条件的特殊复杂性难以预计，边坡坡体相对于另一部分坡体产生相对位移以致丧失原有的坡体稳定性，从而形成滑坡。人为活动引起的滑坡数量已大大超过了自然产生的滑坡，所以很多滑坡是人为因素(如开挖坡脚、坡顶堆载、灌溉等)引起的。

二、滑坡的形态

一个发育完全的滑坡一般包括：滑坡体、滑动带、滑动面、滑坡床、滑坡壁、滑坡台阶、滑坡舌、滑坡周界、封闭洼地、主滑线(滑坡轴)、滑坡裂隙(拉张裂隙、剪切裂隙、扇状裂隙、鼓胀裂隙)。由此可见，一个完整的滑坡应该包括以上 11 个组成部分，如图 8-5 和图 8-6 所示，各要素的解释详见表 8-4。

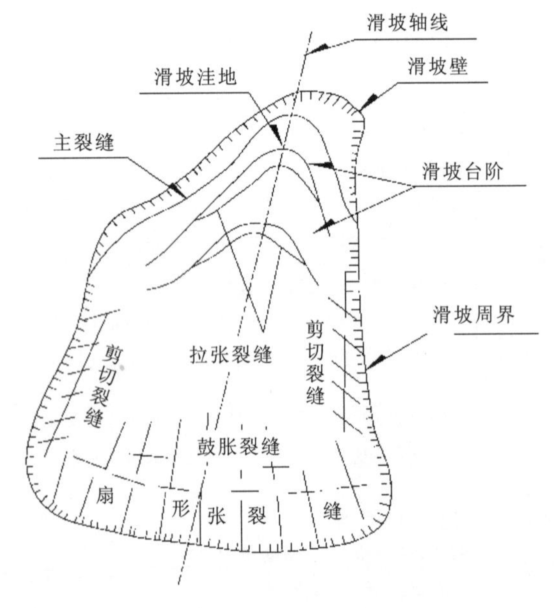

图 8-5　滑坡要素平面分布示意图

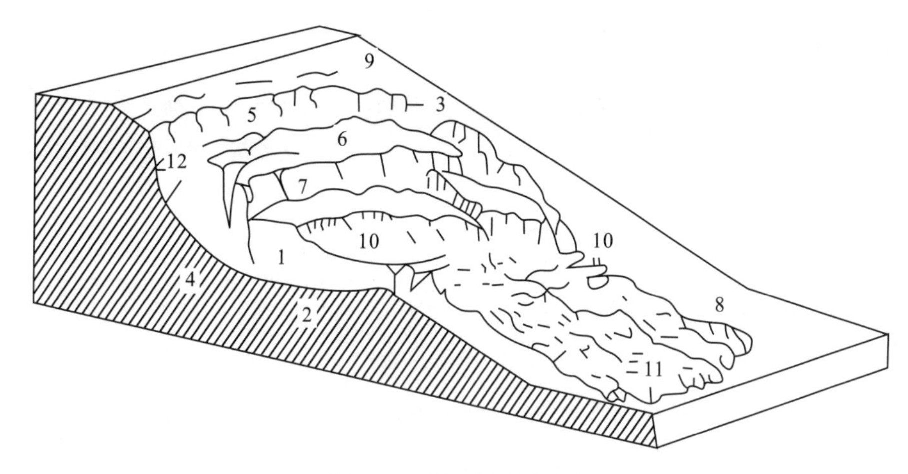

图 8－6　滑坡形态示意图

1.滑坡体；2.滑动面；3.滑坡周界；4.滑坡床；5.滑坡壁；6.滑坡台地；7.滑坡台阶；8.滑坡舌；9.后缘张裂缝；10.鼓胀裂缝；11.扇形张裂缝；12.滑坡洼地

表 8－4　滑坡主要要素及涵义一览表

滑坡要素		涵义
滑坡体		滑坡发生后，脱离岩土母体的滑动部分
滑动面(带)		滑坡体相对下伏岩土体下滑的连续破裂界面(带)
滑坡周界		滑坡体与其周围不动体在平面上的分界线，它决定了滑坡的范围
滑坡床		滑坡体以下固定不动的岩土体，它基本上未变形，保持了原有的岩土体结构
滑坡壁		滑坡体位移后，滑坡体后部和母体脱离开的分界面，暴露在外面的陡壁部分，平面上多呈圈椅状
滑坡台阶(坎)		滑坡体上由于各段滑动的速度差异所形成的错台
滑坡舌		滑坡体前部脱离滑床形如舌状的部分，又称滑坡前缘或滑坡头；在滑坡前部，形如舌状伸入沟谷或河流，甚至越过河对岸
滑坡鼓丘		滑坡体向下滑动时，因滑坡床起伏不平而受阻，在地表形成的隆起丘状地形
滑坡洼地		滑坡体与滑坡壁或两级滑坡体间被拉开形成反坡地形的沟槽状低洼封闭地形，当地表水在此汇集或地下水出露，则积水成潭
滑坡轴线		滑坡体上滑动速度最快的部分的纵向连线。它代表单个滑坡体滑动的方向，位于滑坡体推力最大、滑坡床凹槽最深的纵断面上。可为直线或曲线
裂缝	拉张裂缝	分布于滑坡体的后部或两级滑坡体间，受拉力作用而形成的张开裂缝，呈弧形，与滑坡壁大致平行。滑坡体后缘成为滑坡周界的一条贯通裂缝，称主裂缝
	剪切裂缝	分布在滑坡体中前部的两侧，因滑坡体下滑与相邻的不动母体间的相对位移，形成剪力区并出现剪切裂缝。它与滑动方向大致平行，其两侧常伴有羽毛状裂隙
	鼓胀裂缝	分布在滑坡体的中前部，因滑坡体下滑受阻土体隆起，形成张开裂缝。裂缝延伸方向与滑动方向垂直
	扇形张裂缝	分布在滑坡体的前部，尤以滑坡舌部为多。因滑坡体前部向两侧扩散，张裂缝成扇形排列

三、滑坡类型

根据滑坡体的物质组成和结构型式等主要因素划分，可将滑坡分为以下种类，如表8－5所示。

表8－5　滑坡主要类型分类

类型	亚类	特征描述
土质滑坡	堆积体滑坡	由前期滑坡、崩塌形成的土、石堆积体，沿下伏层面或体内滑动
	残坡积层滑坡	由基岩风化壳、残坡积土等构成，通常为浅表层滑动
	人工填土滑坡	由人工堆填弃渣构成，次生滑坡
岩质滑坡	近水平层状滑坡	由基岩构成，沿缓倾岩层或裂隙滑动，滑动面倾角≤10°
	顺层滑坡	由基岩构成，沿顺坡岩层、软弱结构面滑动
	切层滑坡	由基岩构成，常沿倾向山外的软弱面滑动。滑动面与岩层层面相切，且滑动面倾角大于岩层倾角
	逆层滑坡	由基岩构成，沿倾向坡外的软弱面滑动，岩层倾向山内，滑动面与岩层层面相反
	楔形体滑坡	在花岗岩、凝灰岩、厚层灰岩等整体结构岩体中，沿多组弱面切割成的楔形体滑动

四、滑坡调查

1.滑坡调查的主要内容

(1)滑坡调查的范围应包括滑坡区及其邻近地段，一般包括滑坡后壁外一定距离(滑坡滑动会影响和危害的区域)，滑坡体两侧自然沟谷和滑坡舌前缘一定距离或江、河、湖水边。

(2)注意查明滑坡的发生与地层结构、岩性、断裂构造(岩体滑坡尤为重要)、地貌及其演变、水文地质条件、地震和人为活动因素的关系，找出引起滑坡或滑坡复活的主导因素。

(3)调查滑坡体上各种裂缝的分布特征，发生的先后顺序、切割和组合关系，分清裂缝的力学属性，如拉张、剪切、鼓胀裂缝等，借以作为滑坡体平面上分块、分条和纵剖面分段的依据，分析滑坡的形成机制。

(4)通过裂缝的调查，借以分析判断滑动面的深度和倾角大小。滑坡体上裂缝纵横，往往是滑动面埋藏不深的反映；裂缝单一或仅见边界裂缝，则滑动面埋深可能较大；如果基础埋深不大的挡土墙开裂，则滑动面往往不会很深；如果斜坡已有明显位移，而挡土墙等依然完好，则滑动面埋藏较深；滑坡壁上的平缓擦痕的倾角，与该处滑动面倾角接近一致；滑坡体的差速裂缝两壁也会出现缓倾角擦痕，同样是下部滑动面倾角的反映。

(5)对岩体滑坡应注意调查缓倾角的层理面、层间错动面、不整合面、假整合面、断层面、节理面和片理面、断层面等，若这些结构面的倾向与坡向一致，且其倾角小于斜坡前缘临空面倾角，则很可能发展成为滑动面。对土体滑坡，则首先应注意土层与岩层的接触面构成的滑带形态特征及控制因素，其次应注意土体内部岩性差异界面。

(6)调查滑动体上或其邻近的建(构)筑物(包括支挡和排水构筑物)的裂缝，但应注意区分滑坡引起的裂缝与施工裂缝、填方地基不均匀沉降或密实性沉降裂缝、自重与非自重黄土湿陷裂缝、膨胀土裂缝、温度裂缝和冻胀裂缝的差异，避免误判。

(7)调查滑带水和地下水情况，泉水出露地点及流量，地表水自然排泄沟渠的分布和断面，湿地的分布和变迁情况等。围绕判断是首次滑动的新生滑坡还是再次滑动的古(老)滑坡进行调查。

(8)围绕判断是首次滑动的新生滑坡还是再次滑动的古(老)滑坡进行调查。

(9)当地整治滑坡的经验和教训。

(10)调查滑坡已经造成的损失，滑坡进一步发展的影响范围及潜在损失。

2. 滑坡的野外判断及识别方法

在野外，可以根据滑坡体的一些外表迹象和特征，从宏观角度粗略地判断它的稳定性。

(1)不稳定的滑坡体常具有下列迹象：

①滑坡体表面总体坡度较陡，而且延伸很长，坡面高低不平。

②有滑坡平台、面积不大，且有向下缓倾和未夷平现象。

③滑坡表面有泉水、湿地，且有新生冲沟。

④滑坡表面有不均匀沉陷的局部平台，参差不齐。

⑤滑坡前缘土石松散，小型坍塌时有发生，并面临河水冲刷的危险。

⑥滑坡体上无巨大直立树木。

(2)已稳定的老滑坡体有以下特征：

①滑坡后壁较高，长满了树木，找不到擦痕，且十分稳定。

②滑坡平台宽大、且已夷平，土体密实，有沉陷现象。

③滑坡前缘的斜坡较陡，土体密实，长满树木，无松散崩塌现象。前缘迎河部分有被河水冲刷过的现象。

④目前的河水远离滑坡的舌部，甚至在舌部外已有漫滩、阶地分布。

⑤滑坡体两侧的自然冲刷沟切割很深，甚至已达基岩。

⑥滑坡体舌部的坡脚有清晰的泉水流出等。

五、滑坡防治

滑坡治理应考虑滑坡类型、成因、水文地质和工程地质条件的变化、滑坡阶段、滑坡稳定性、滑坡区建(构)筑物和施工影响等因素，分析滑坡的发展趋势及危害性，采用排水工程、削方减载与压脚工程、抗滑挡土墙工程、混凝土抗滑桩工程、预应力锚索工程、锚拉桩、格构锚固工程等进行综合治理。

不稳定的滑坡对工程和建筑物危害性较大，一般对大中型滑坡，应以绕避为宜；如不能绕避或绕避非常不经济时，则应予整治。滑坡的工程整治措施大致可分为以下 3 类。

1. 消除和减轻水对滑坡的危害

水是促使滑坡发生和发展的主要因素，尽早消除和减轻水对滑坡的危害，是滑坡工程整治中的关键。疏干滑坡体内以及截断和引出滑坡附近的地下水，常常是整治滑坡的根本措施。排除地下水可使滑坡岩土体的含水量或孔隙水压力降低，边坡土体干燥，从而提高其强度指标，降低土层的重度，并可消除地下水的水压力，以提高坡体的稳定性。

2. 改善滑坡体力学平衡条件

采取挡墙、锚固、抗滑桩等工程措施，改善滑坡体力学平衡条件，减小下滑力，增大抗滑力，达到稳定滑坡的目的。其基本原理与边坡加固措施类似。

3. 其他措施

其他措施包括护坡、改善岩土性质、防御绕避等。

第三节 泥石流

一、泥石流的基本概念

泥石流是发生在山区的一种携带有大量泥沙、石块的暂时性急水流，其固体物质的含量有时超过水量，是介于挟砂水流和滑坡之间的土石、水、气混合流或颗粒剪切流。它往往突然暴发，来势凶猛，运动快速，历时短暂，严重地影响着山区场地的安全。尤其是近半个世纪以来，由于生态平衡破坏的不断加剧，世界上许多多山国家的建筑场地或居民区周围灾害性泥石流频频发生，并造成惨重损失。因此，它是严重威胁山区居民和工程建设安全的重要地质灾害之一。掌握泥石流的基本理论并有效地防治泥石流，已成为山区工程建设的一项重要任务。

二、泥石流形成条件

泥石流的形成过程与地形地貌、地质、水文、气象、植被、地震、人类活动等因素有关。但必须满足以下 3 个基本条件：地质条件，地形条件，气象水文条件。

1. 地质条件(物源)

流域地质条件决定了松散固体物质的来源、组成、结构、补给方式和速度等。泥石流强烈发育的山区，多是地质构造复杂、岩石风化破碎、新构造运动活跃、地震频发、崩塌滑坡灾害多发的地段。这样的地段，既为泥石流准备了丰富的固体物质来源；又因地形高耸陡峻，高差大，为泥石流活动提供了强大的动能优势。

2. 地形条件(势源、动力源)

泥石流大多发生于陡峻的山岳地区。这种陡峻地形条件为泥石流发生、发展提供了充足的位能，赋予泥石流一定的侵蚀、搬运和堆积能量。一般情况下，泥石流多沿纵坡降较大的狭窄沟谷活动。每一处泥石流自成一个流域，典型的泥石流流域可划出形成区、流通区和堆积区 3 个区段，如图 8-7 所示，它包括分水岭脊线和泥石流活动范围内的面积，亦即汇流面积与堆积扇面积之和。

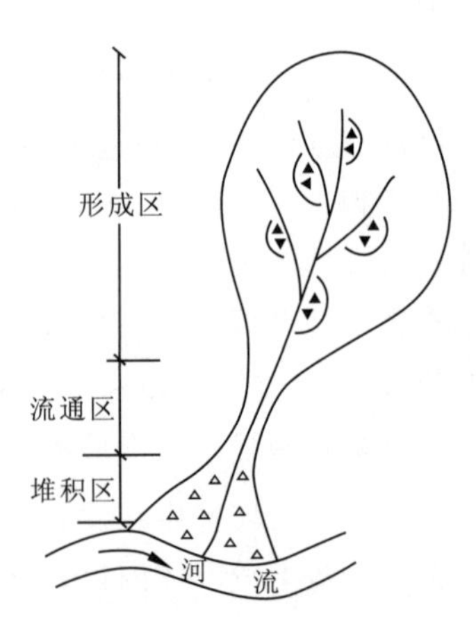

图 8-7　泥石流流域分区

1)形成区

形成区多为三面环山、一面出口的宽阔地段，周围山坡陡峻，地形坡度多为 30°～60°，沟床纵坡降可达 30°以上。它的面积有时可达几十甚至几百平方千米。坡体往往裸露破碎，无植被覆盖。周围斜坡常为冲沟切割，崩塌滑坡堆积物发育。这种地形有利于大量水流和固体物质迅速聚积，并形成具有强大冲刷能力的泥石流。

2)流通区

该区是泥石流搬运通过的地段，多系狭窄而深切的峡谷或冲沟，谷壁陡峻而纵坡降较大，且多陡坎和跌水。所以泥石流物质进入本区后具极强的冲刷能力，将沟床和沟壁上冲刷下来的土石携走。

3)堆积区

堆积区一般位于出山口或山间盆地边缘，地形坡度通常小于5°。由于地形豁然开阔平坦，泥石流动能急剧降低，最终停积下来，形成扇形、锥形或带形堆积滩。典型的地貌形态为洪积扇。堆积扇地面往往垄岗起伏、坎坷不平，大小石块混杂。若泥石流物质能直泻入主河槽，而河水搬运能力又很强时，则堆积扇有可能缺乏。由于扇顶侵蚀基准面的长期不断变化，前后多次泥石流活动的结果，可使泥石流堆积范围不断前进或后退，形成所谓溯源侵蚀或溯源堆积。有时因泥石流频繁活动，可使堆积扇不断淤高扩展，到一定程度逐渐减弱泥石流对下游的破坏作用。

由于泥石流流域具体地形地貌条件不同，在有些泥石流流域，上述3个区段不可能明显分开，甚至缺乏某个区段。此外，泥石流流域形态对流域内径流过程有明显的影响，进而影响各种松散固体物质参与泥石流的形成和泥石流规模。

3. 气象水文条件(水源)

泥石流形成必须有强烈的地表径流，它为泥石流暴发提供动力条件。泥石流的地表径流来源于暴雨、冰雪强烈融化和水体溃决。由此可将它划分为暴雨型、冰雪融化型和水体溃决型等类型。

水体来源是激发泥石流的决定性因素，除上述自然条件异常变化导致泥石流现象发生外，人类工程经济活动也不可忽略，它不但直接诱发泥石流灾害，还往往加重区域泥石流活动强度。人类工程经济活动对泥石流影响的消极因素很多，如毁林、开荒与陡坡耕种、放牧、水库溃决、渠水渗漏、工程和矿山弃渣不当等。这些有悖于环境保护的工程活动，往往导致大范围生态失衡、水土流失，并产生大面积山体崩塌滑坡现象，为泥石流发生提供了充足的固体物质来源，泥石流的发生、发展又反过来加剧环境恶化，从而形成一个负反馈增长的生态环境演化机制。为此必须采取固土、控水、稳流措施，抑制因人类不合理工程活动所诱发的泥石流灾害，保护建筑场地稳定。

上述3个基本条件中，前两个是内因，第三个是外因。泥石流的发生与发展是内、外因综合作用的结果。

三、泥石流调查

泥石流调查应查明泥石流的形成条件和泥石流的类型、规模、发育阶段、活动规律，并对工程场地作出适宜性评价，提出防治方案及设计参数。

泥石流勘查应以工程地质测绘和调查为主。测绘范围应包括形成区、流通区和堆积区。测绘比例尺对全流域宜采用1∶10 000～1∶50 000，中下游可采用1∶2000～1∶10000，沟床纵断面图横向1∶500～1∶5000，竖向1∶100～1∶500；沟床横断面1∶200或1∶500。

泥石流沟谷的调查是泥石流调查测绘的主要内容之一。研究泥石流沟谷的地形地貌特征,可从宏观上判定沟口是否属泥石流沟谷,并进一步划分其区段。调查范围应包括沟谷至分水岭的全部地段和可能受泥石流影响的地段,主要包括泥石流的形成区、流通区、堆积区。

应调查下列内容:

(1)搜集当地的气象、水文、地震、航片、卫片等资料,掌握冰雪融化和暴雨强度、前期降雨量、一次最大降雨量、一般及最大流量、地下水活动情况。

(2)地层岩性,地质构造,不良地质现象,松散堆积物的物质组成、分布和储量。

(3)沟谷的地形地貌特征,包括沟谷的发育程度、切割情况、坡度、弯曲、粗糙程度。划分泥石流的形成区、流通区和堆积区,圈绘整个沟谷的汇水面积。

(4)形成区的水源类型、水量、汇水条件、山坡坡度、岩层性质及风化程度,断裂、滑坡、崩塌、岩堆等不良地质现象的发育情况及可能形成泥石流固体物质的分布范围、储量。

(5)流通区的沟床纵横坡度、跌水、急湾等特征,沟床两侧山坡坡度、稳定程度,沟床的冲淤变化和泥石流的痕迹。

(6)堆积区的堆积扇分布范围、表面形态、纵坡,植被,沟道变迁和冲淤情况;堆积物的性质、层次、厚度、一般和最大粒径及分布规律。判定堆积区的形成历史、划分古泥石流扇和新泥石流扇,新泥石流扇的堆积速度,估算一次最大堆积量。

(7)泥石流沟谷的历史。历次泥石流的发生时间、频数、规模、形成过程、暴发前的降水情况和暴发后产生的灾害情况。区分是正常沟谷还是低频率泥石流沟谷。

(8)开矿弃渣、修路切坡、砍伐森林、陡坡开荒及过度放牧等人类活动情况。

(9)调查当地防治泥石流的规划措施和防治的经验教训。

(10)调查泥石流已经造成的损失,泥石流进一步发展的影响范围及潜在损失。

(11)对特别严重的泥石流,宜设置观测站,对其进行监测。

当需要对泥石流采取防治措施时,应进行适当的勘探测试,进一步查明泥石流的性质、结构、厚度、流速、流量、最大粒径、冲出量和淤积量,以及拟建工程部位的地基岩土体情况等。

泥石流勘察报告应对泥石流的发展趋势、危害性、场地的适宜性和防治工程的风险性进行评价,对防治的可行性进行评估。

四、泥石流的防治工程

泥石流场地的工程防治必须充分考虑泥石流形成条件、类型及运动特点。泥石流3个地形区段特征决定了其防治原则应当是:上、中、下游全面规划,各区段分别有所侧重,生物措施与工程措施并重。上游水源区宜选水源涵养林,修建调洪水库和引水工程等削弱水动力措施。流通区以修建减缓纵坡和拦截固体物质的拦砂坝、谷坊等构筑物为主。堆积区主要修建导流堤、急流槽、排导沟、停淤场,以改变泥石流流动路径并疏排泥石流。对稀性泥石流应以导流为主,而对黏性泥石流则应以拦挡为主。

第四节　岩溶

一、岩溶的定义

岩溶又称喀斯特，是水(包括地表水和地下水)对可溶性岩石进行的以化学溶蚀作用为主的改造和破坏地质作用以及由此产生的地貌及水文地质现象的总称。岩溶作用以化学溶蚀为主，同时还包括机械破碎、沉积、坍塌、搬运等作用，是一个化学-物理相结合的综合作用。可溶性岩石包括碳酸盐岩、硫酸盐岩、卤化物等。覆盖在岩溶形态之上的土层经过岩溶水体的潜蚀等作用而形成洞隙、土洞直至地面塌陷等地质灾害。

二、岩溶发育条件

岩溶发育的条件主要有：①具有可溶性的岩层；②具有有溶解能力(含 CO_2)和足够流量的水；③具有地表水下渗、地下水流动的途径。

岩溶发育具有一定的规律，与岩性、地质构造、地形、气候等因素有关。

1. 岩溶与岩性的关系

岩石成分、成层条件和组织结构等直接影响岩溶的发育程度和速度。一般地说，硫酸盐类和卤素类的岩层岩溶发展速度较快；碳酸盐类岩层则发育速度较慢。质纯层厚的碳酸盐类岩层，岩溶发育强烈，且形态齐全，规模较大；含泥质或其他杂质的碳酸盐类岩层，岩溶发育较弱。结晶颗粒粗大的岩石岩溶较为发育；结晶颗粒细小的岩石岩溶发育较弱。

2. 岩溶与地质构造的关系

(1)节理裂隙：裂隙的发育程度和延伸方向通常决定了岩溶的发育程度和发展方向。在节理裂隙的交叉处或密集带，岩溶最易发育。

(2)断层：沿断裂带是岩溶显著发育地段，常分布有漏斗、竖井、落水洞及溶洞、暗河等。在正断层处岩溶较发育，逆断层处岩溶发育较弱。

(3)褶皱：褶皱轴部一般岩溶较发育。在单斜地层中，岩溶一般顺层面发育。在不对称褶皱中，陡的一翼岩溶较缓的一翼发育。

(4)岩层产状：倾斜或陡倾斜的岩层，一般岩溶发育较强烈；水平或缓倾斜的岩层，当上覆或下伏非可溶性岩层时，岩溶发育较弱。

(5)可溶性岩与非可溶性岩接触带或不整合面岩溶往往发育。

3. 岩溶与新构造运动的关系

地壳强烈上升地区，岩溶以垂直方向发育为主；地壳相对稳定地区，岩溶以水平方向发育为主；地壳下降地区，既有水平发育又有垂直发育，岩溶发育较为复杂。

4. 岩溶与地形的关系

地形陡峻、岩石裸露的斜坡上，岩溶多呈溶沟、溶槽、石芽等地表形态；地形平缓地带，岩溶多以漏斗、竖井、落水洞、塌陷洼地、溶洞等形态为主。

5. 地表水体同岩层产状关系对岩溶发育的影响

水体与层面反向或斜交时，岩溶易于发育；水体与层面顺向时，岩溶不易发育。

6. 岩溶与气候的关系

在大气降水丰富、气候潮湿地区，地下水能经常得到补给，水的来源充沛，岩溶易发育。

三、岩溶地质调查

岩溶勘察宜采用工程地质测绘和调查、地球物理勘探和勘探取样等多种手段结合的方法进行。其中在工程地质测绘和调查中应重点调查下列问题。

(1)岩溶洞隙的类型、形态、分布和发育规律。岩溶洞隙类型一般可分为：①地表岩溶地貌。包括石芽、溶沟、溶槽、漏斗、竖井、落水洞、溶蚀洼地、溶蚀、谷地、孤峰和峰林等。②地下岩溶地貌。主要为溶洞和地下暗河；

(2)岩面起伏、形态和覆盖层厚度。

(3)地下水赋存条件、水位变化和运动规律。

(4)调查和研究岩溶发育与地貌、地质构造、地层岩性、地下水的关系。

四、岩溶的防治措施

对于影响地基稳定性的岩溶洞隙，应根据其位置、大小、埋深、围岩稳定性和水文地质条件等综合分析，因地制宜地采取下列处理措施。

1. 换填、镶补、嵌塞与跨盖等

对于洞口较小的洞隙，挖除其中的软弱充填物，回填碎石、块石、素混凝土或灰土等，以增强地基的强度和完整性，必要时可加跨盖。

2. 梁、板、拱等结构跨越

对于洞口较大的洞隙，采用这些跨越结构，应有可靠的支承面。梁式结构在岩石上的支承长度应大于梁高的 1.5 倍，也可辅以浆砌块石等堵塞措施。

3. 注浆加固、清爆填塞

用于处理围岩不稳定、裂隙发育、风化破碎的岩体。

4. 洞底支撑或调整柱距

对于规模较大的洞隙，可采用这种方法。必要时可采用桩基。

5. 钻孔灌浆

对于基础下埋藏较深的洞隙，可通过钻孔向洞隙中灌注水泥砂浆、混凝土、沥青及硅液等，以堵填洞隙。

6. 设置“褥垫”

在压缩性不均匀的土岩组合地基上，凿去局部突出的基岩(如石芽或大块孤石)，在基础与岩石接触的部位设置“褥垫”(可采用炉渣、中砂、粗砂、土夹石等材料)，以调整地基的变形量。

7. 调整基础底面面积

对有平片状层间夹泥或整个基底岩体都受到较强烈的溶蚀时，可进行地基变形验算，必要时可适当调整基础底面面积，降低基底压力。

当基底蚀余石基分布不均匀时，可适当扩大基础底面面积，以防止地基不均匀沉降造成基础倾斜。

8. 地下水排导

对建筑物地基内或附近的地下水宜疏不宜堵。可采用排水管道、排水隧洞等进行疏导，以防止水流通道堵塞，造成场地和地基季节性淹没。

第九章　实习区区域地质

第一节　实习区位置、交通、自然地理及经济地理概况

实习区位于永安市城关西北方向 70°，与永安城关的直线距离约为 13km，到永安的主干公路距离约 26km，在九龙溪的两岸，地质调查区的地理坐标：东经 117°12′、北纬 26°2′（图 9－1）。

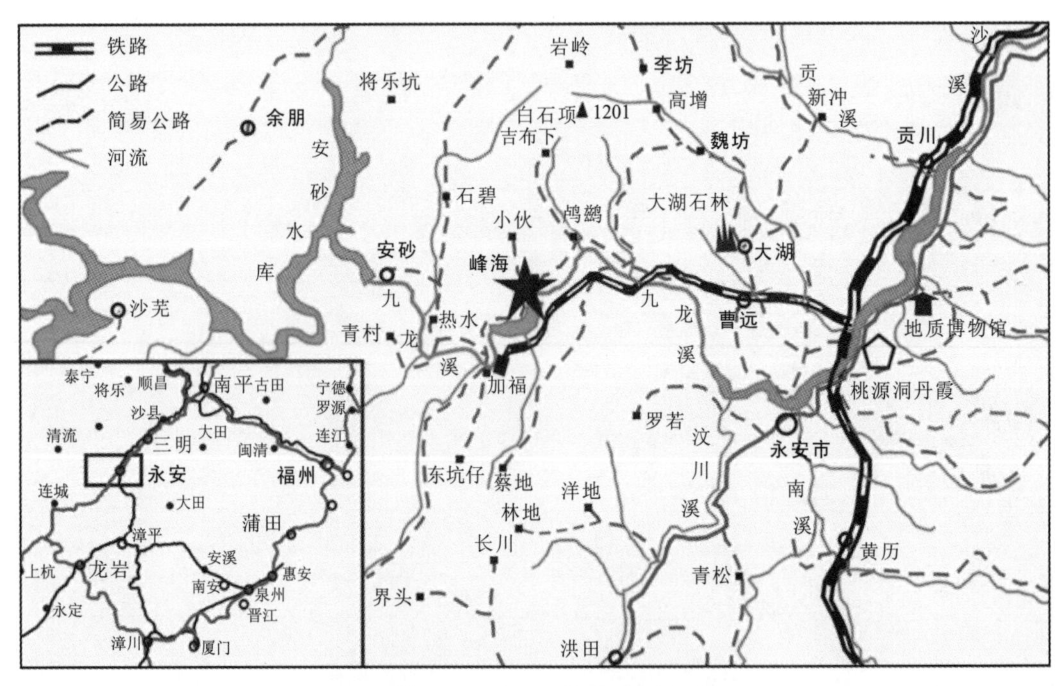

图 9－1　实习区位置示意图

实习区交通较为便利，永安是闽西南的交通枢纽，是闽赣两省 4 个地区、10 个县（市）的物资集散地。位于鹰厦铁路线的中心，道路距福州 318km，距厦门 285km，境内铁路通车里程 86.8km。实习区内有永加铁路支线通过，还有永砂公路，以及森林简易公路可通。

永安地区是我国华南区比较典型的低山丘陵区，全区山脉连绵起伏，一般高程为 800～1100m。地势东、西、南三面高，中部低。境内群山连绵，主要山峰有 159 座，其中千米以上高山有 84 座。山地和丘陵面积占总面积的 90％以上。全市集雨面积在 $10km^2$ 以上的河流有 73 条，其中主要的有 13 条，分属沙溪水系、尤溪水系和九龙溪水系。因为九龙溪和巴溪在城

区的西门汇合，状如燕尾，因而把流经城区的这一段河道称为燕江，城区也因此又名燕城。耕地面积约为 22.9 万亩(1 亩＝666.66m²)，水域面积约为 8.1 万亩，分别占总面积的 5.2%和 1.8%，所以永安有“九山半水半分田”之称。

实习区地处玳瑁山脉西北坡和武夷山脉东南坡之间，山脉大多呈北北东走向，少数沿北西向展布。区内除安砂及九龙溪两岸出现一些低洼堆积盆地外，大部分地区尖峰峭壁，山峦叠嶂。全区海拔一般 400～900m，最高点为白石顶，海拔为 1201.2m，安砂一带最低，海拔约 220m。地势北高南低，地形切割强烈，属中低山区。

调查区地处亚热带季风性气候区，温和湿润，雨量充沛，具有冬少严寒，夏罕酷暑、春秋多变、雨水集中、四季分明的特点。夏季平均气温 28～29℃，历年最高气温 40.5℃，冬季平均气温 10℃，历年最低－7.6℃。

本区东南部人口密集，西北部地广人稀，可耕地约占总面积的 4%，人均占可耕地约 1 亩。农业以水稻为主，经济作物有油茶子，茶叶、柑橘、桃、李等，林业产品有松脂、笋干、油桐子、香菇等。牧业以饲养猪、牛、羊为主，安砂水库的建成，给地方带来渔业的迅速发展。

调查区主干河流九龙溪水量多，水位变化大，水力资源丰富，已开发有安砂水电站、丰海水电站。丰海(加福)煤矿是省内主要的产煤基地之一，区内石灰岩广布，为水泥、化工工业提供了丰富的资源。近年来乡镇企业发展较快，水泥厂、结晶硅厂及一些采矿企业、加工企业纷纷建起。

第二节　地质发展史

本区地质矿产调查有文字记载的起于 1931 年王绍文等调查闽西赣南地质矿产，并在安砂罗峰溪一带创“罗峰溪千枚岩系”，这一名称为后人广泛引用。1949 年前仅进行过少量零散的路线地质矿产概略调查工作。1949 年后地质事业得到迅速的发展，有计划地开展了区域地质调查和矿产普查勘探工作。

1960—1966 年福建省区调队在调查区开展了 1∶20 万三明幅区域地质调查。1969—1975 年福建省地质二团对丰海一带煤矿进行普查和勘探，探明了储量，进行专题总结，大大提高了煤系地层的研究程度。1978—1979 年福建省地质一队对永安曹田石灰岩矿进行了勘探。1987—1989 年闽西地质大队对清流仁场银多金属矿进行了普查勘探。

1984 年福建省地矿局委托闽西地质大队区调分队开展 1∶50 000 安砂、贡川两个图幅联测的区域地质调查及矿产普查工作。

第三节　地层

该区位于闽西南晚古生代地台坳陷的北部，属南岭地槽，闽粤地向斜的一部分。区域地层出露较全，所出露地层以古生界为主，中生界及新生界仅有少量分布。主要由沉积岩、沉积变质岩及少量火山岩组成。构造复杂，各种矿产较丰富。志留纪末期，加里东运动发生强烈褶皱与变质，大量岩浆侵入，从而结束了地槽发展史。

根据岩性、接触关系、化石组合及沉积旋回等特征，将本区地层划分出 26 个单元（表 9－1）。现按地层顺序由老至新分述如下。

表 9－1　安砂幅地层总表

界	系	统	群	组	段	代号	厚度(m)	矿产
新生界	第四系	全新统				Qh	38	
中生界	白垩系	上统	赤石群			K_2ch		
				崇安组		K_2c		
				沙县组		K_2s		
	侏罗系	上统		坂头组	第一段	J_3b^1	>1071	
				南园组		J_3n	546	
	三叠系	下统		溪口组		T_1x	584	
上古生界	二叠系	上统		大隆组		P_2d	115	
				翠屏山组	第三段	P_2cp^3	171	
					第二段	P_2cp^2	120	
					第一段	P_2cp^1	94	煤
		下统		童子岩组	第三段	P_1t^3	323	煤
					第二段	P_1t^2	123	
					第一段	P_1t^1	256	煤
				文笔山组		P_1w	248	铁
				栖霞组		P_1q	>319	石灰岩
	石炭系	上统		船山组		C_3c	193	石灰岩、白云岩
		中统		黄龙组		C_3h	65	石灰岩、硅石
		下统		林地组		C_1l	>302	
	泥盆系	上统		桃子坑组	第二段	D_3tz^2	287	
					第一段	D_3tz^1	225	硅石
				天瓦岽组	第二段	D_3t^2	479	
					第一段	D_3t^1	206	硅石
下古生界	奥陶系	上统	罗峰溪群		第二段	O_3lf^2	220	
					第一段	O_3lf^1	>691	
		中统	东坑口群			O_2dn	>637	
		下统	魏坊群			O_1wf	>214	

一、奥陶系(O)

奥陶系主要出露于安砂以西的金竹凹、李厝及东部西坑等地。本系为调查区出露最老地层，为一套浅变质的砂、泥、硅质复理石建造。按其岩性组合及与邻区对比可进一步划分为下统魏坊群、中统东坑口群、上统罗峰溪群。

1. 魏坊群(O_1wf)

本群仅出露于金竹凹、西坑附近，岩性为紫灰色中薄层千枚状泥岩、千枚状硅质泥岩夹变质粉砂岩及少量变质细砂岩。可见递变层理、小型交错层理及水平层理。本群未见底。厚度大于 214m。

2. 东坑口群(O_2dn)

该群出露于安砂之西西山、麻旦等地，东部西坑、地坑也有见到。为一套以砂质为主的复理石建造，整合于下统魏坊群之上，厚度大于 637m。

本群岩性为灰色厚层—巨厚层变质中细粒(含长石)石英杂砂岩夹变质粉砂岩及千枚状泥岩。砂岩中普遍可见同生泥质角砾，角砾呈长条状、撕裂状集中分布于砂岩层底部。砂岩层中递变层理发育，另可见冲刷构造、重荷模等。粉砂岩层中常见小型交错层理，泥岩中水平层理较发育。

3. 罗峰溪群(O_3lf)

区内所出露的罗峰溪群按其岩性组合可分为 2 段。第一段(O_3lf^1)分布于安砂之西李厝、罗岭一带，东部班大衍、西部仁场等地也有出露。为一套砂、泥、硅质复理石建造，与下伏东坑口群整合接触，李厝一带厚度大于 1113m，班大衍一带厚度大于 691m。

李厝、罗岭、仁场等地下段岩性以千枚状泥岩为主夹硅质泥岩、变质粉砂岩等。班大衍一带下部为灰色—灰白色中薄层变质粉砂岩、泥质粉砂岩及千枚状泥岩，上部为条带状泥质硅质岩与含碳千枚状泥岩、泥质板岩互层。

第二段(O_3lf^2)仅局限分布于安砂之西罗岭一带，岩性主要为中厚层—厚层变质中细粒长石石英杂砂岩，局部夹千枚状泥岩、变质粉砂岩。递变层理、交错层理较发育。本段出露厚度仅 220m，与下伏罗峰溪群下段为整合接触，其上为上泥盆统天瓦岽不整合覆盖。

在下部的深灰色千枚状板岩中发现有笔石化石。

二、泥盆系(D)

调查区泥盆系仅发育上统，主要分布于西部大排顶—冷水坑、中部安砂及东北部马岩顶、白石顶一带，为一套灰白色、紫红色粗碎屑岩建造，厚达 1197m，不整合覆盖于奥陶系之上。按岩性组合及沉积旋回可划分为天瓦岽组和桃子坑组。

1. 天瓦岽组(D_3t)

天瓦岽组可分为 2 两段。第一段以灰白、黄白色厚、巨厚层石英砾岩、石英砂砾岩为主，中下部夹少量紫灰色薄层千枚岩。第二段以紫灰色、紫红色中薄层千枚状泥岩、粉砂岩、砂岩为主，夹厚层石英砂砾岩、砾岩。本组厚度 685m。

2. 桃子坑组(D_3tz)

桃子坑组岩性组合亦明显可分 2 段。第一段为黄白色、紫红色厚层石英砾岩、砂砾岩夹砂岩等。第二段为紫红色中层粉砂岩、石英砂岩、千枚状泥岩夹石英砂砾岩等。本组厚 512m。

总体上天瓦岽组和桃子坑组分别构成一个从石英砾岩、砂砾岩、砂岩向粉砂岩、泥岩过渡变化的沉积旋回。两个大的沉积旋回内部又由若干个小的沉积物粒度从粗到细的沉积韵律组成。区内上泥盆统未获化石资料，鉴于该套粗碎屑岩不整合覆盖于奥陶系之上，又被石炭系林地组所覆，此外岩性组合及沉积旋回等特征可与龙岩地区上泥盆统桃子坑组对比，故将其时代置于晚泥盆世。上泥盆统石英砾岩成分较纯，经受变质净化后，常可构成具工业意义的硅石矿床。

三、石炭系(C)

区内石炭系按岩性组合可进一步分为下统林地组、中统黄龙组及上统船山组。

1. 林地组(C_1l)

林地组一般与上泥盆统毗邻出露，岩性为灰白色厚层石英砂砾岩、石英砂岩，紫灰色千枚岩等。向上具有泥岩增多、砾岩减少的趋向，由下向上形成一个由砾岩向砂砾岩、砂岩、泥岩过渡的沉积旋回。区内厚度大于302m。本组与下伏桃子坑组为连续沉积，本组地层在漳平、连城一带有丰富的植物化石。

2. 黄龙组(C_2h)

黄龙组在区内出露局限，仅见于西南部清流硐口及中南部安砂青村等地。为一套浅海相碎屑岩、碳酸盐沉积，下部主要为黄白色厚层石英砂砾岩、千枚状泥岩夹白色厚层硅质岩，上部为厚层灰岩夹薄层白云质灰岩、千枚状泥岩，厚65m，假整合覆于林地组之上。区内黄龙组未获化石资料，其岩性组合可与邻区坑边黑风洞剖面含中石炭世蜓类化石的黄龙组对比，故将其时代置于中石炭世。产于本组底部的白色糖粒状硅质岩，其 SiO_2 达 99%以上，达硅石工业要求，上部石灰岩可作为水泥、化工原料。

3. 船山组(C_3c)

本组在区内出露于清流硐口、安砂青村及将乐坑等地。岩性为灰色、灰白色中、厚层石灰岩，下部夹白云质灰岩及白云岩透镜体，与下伏黄龙组石灰岩为连续沉积，厚193m。本组石灰岩中产晚石炭世蜓类化石，故船山组时代为晚石炭世。船山组灰岩以色浅、层厚，质纯为特征，是良好的化工、水泥原料。

四、二叠系(P)

二叠系在本区发育较全，主要分布于东南部丰海、西部蛟坑和中部将乐坑、石碧等地。根据岩性特征、沉积旋回、化石组合等，可分为下统栖霞组、文笔山组、童子岩组，上统翠屏山组及大隆组。

1. 栖霞组(P_1q)

本组为一套浅海相碳酸盐沉积，岩性为深灰色厚层含燧石结核(条带)微晶灰岩，中薄层硅质灰岩，中部夹钙质泥岩及白云岩，与下伏船山组为整合接触，厚度大于319m。本组地层赋含丰富的各种动物化石，在底部和下部薄层粉砂岩泥岩尤其丰富。

本组灰岩顶部普遍存在一层厚几米至十余米的角碟状硅质岩。栖霞组石灰岩一般含较多的硅质及碳质，部分质纯的仍不失为良好的水泥原料。

2. 文笔山组(P_1w)

该组岩性为深灰色、灰黑色泥岩、粉砂岩夹少量细砂岩。岩石风化后呈紫红色，野外极易辨认。泥岩中普遍含黄铁矿或菱铁矿结核，与下伏栖霞组为整合接触，厚248m。据化石组合及与上、下层位的关系，将文笔山组时代置于早二叠世。为正常浅海沉积，含丰富的海相动物化石。

3 童子岩组(P_1t)

本组为一套海陆交互相沉积的黑色砂、泥岩，厚达 702m，与下伏文笔山组为整合接触。按岩性组合又可分为 3 个岩性段。

第一段(P_1t^1)：由浅海相组成，为细砂岩和粉砂岩互层，在中上部含煤三层，局部可采，产丰富的动物化石，植物化石偶见，厚 256m。

第二段(P_1t^2)：由浅海相地层组成，中下部以厚层块状泥岩、粉砂岩为主，上部以细砂岩、粉砂岩和泥岩互层并夹薄层钙质粉砂岩，各种动物化石比第一段增多，偶见植物化石，一般不含煤，仅下部局部见一层煤(俗称不含煤段)，厚 123m。

第三段(P_1t^3)：由浅海—陆相—过渡相交替组成，以细砂岩，粉砂岩和泥岩组成，明显小旋回，小韵律，发育根土岩，包括 30 多个含煤旋回，含煤 50 多层，是该地区主要含煤地段，动植物化石都十分丰富，总厚 323m。

童子岩组化石种类繁多，所产腕足类大多为华南早二叠世茅口期常见分子，化石均具有早二叠世晚期生物组合特征，故将区内童子岩组置于早二叠世晚期。

童子岩组为区内含煤层位，上段是其主要含煤段，煤层、煤线达 57～66 层，其中可采的和局部可采的有 14 层，可采总厚度达 6.82～8.55m。全区煤质均为低硫、磷、低灰分、发热量较高的无烟煤。

4. 翠屏山组(P_2cp)

本组与童子岩组毗邻出露，为一套陆相冲积和湖泊相沉积的细碎屑岩，厚度 384m，假整合于童子岩组之上。区内翠屏山组可分为 3 段。

第一段(P_2cp^1)：由河床河漫—湖沼相沉积组成，岩性以中粒砂岩、细粒砂岩为主夹泥岩、粉砂岩和煤层，总的是下部粗往上变细，明显出现几个小旋回，下部为河床相的中粒砂岩夹泥岩，粉砂岩和煤层，中部和上部主要为粉砂岩和泥岩，局部夹砂岩。粉砂岩和泥岩中含有丰富的植物化石，菱铁质鲕粒呈层状分布。中粒砂岩中普遍见燧石、石英角砾，厚度变化较大。其中在中下部见一层中粒砂岩，岩石致密坚硬，地貌上常形成陡壁，因而有人称之为陡壁砂岩。本段底部一般有数层煤层及煤线，其中有二层可采或局部可采，厚度 170m。

第二段(P_2cp^2)：为河床河漫—湖泊相沉积建造类型，岩性为细砂岩、粉砂岩和泥岩互层，分别组成明显的沉积小旋回韵律。泥岩和粉砂岩中常见完整的植物化石和碎片，菱铁质鲕粒一般呈星散状或团块状分布。上部偶见有淡水瓣鳃类与植物化石共生，本段底部为河床相中细粒砂岩，厚度较大，并且稳定，有人称之为 26m 砂岩，中细粒砂岩底部又常见有一层厚几十厘米的含燧石、石英和泥质岩片的角砾岩，它与上段为分段的标志，中上部夹煤线，厚 120m。

第三段(P_2cp^3)：以湖泊相沉积为主，其岩性主要为粉砂岩、泥岩夹砂岩，中上部泥岩或粉砂岩均为巨厚层状，风化后常呈灰色—灰绿色花斑状构造特征，普遍含菱铁质鲕粒，见有一些植物化石，偶见淡水瓣鳃类动物化石。底部为一层厚度较大的河床相细砂岩夹中粒砂岩，厚 94m。

翠屏山组含丰富的植物化石，所见分子大多为童子岩组延续属种而且组合单调，时代为晚二叠世早期。

5. 大隆组(P_2d)

本组仅出露于调查区东南部丰海、鸬鹚坪一带,岩性以灰色、灰白色中薄、薄层含钙泥岩、粉砂岩为主,中部夹碳质泥岩,水平层理发育。地层厚度115m,整合于下伏翠屏山组之上。

本组地层在工作区内广泛出露,构成实习工作区向斜两翼及核部地层,与下伏翠屏山组地层为整合接触,厚约115m。按岩性和化石组合可分上、下两段,下段为一套海陆交互—浅海碎屑沉积,由细砂岩、粉砂岩和泥岩组成,岩层含钙普遍较高,其中底部见多层煤线,含有丰富腕足类和瓣鳃类等底栖动物化石;上段为一套半深海相或半封闭海湾环境的碎屑沉积,以钙质沉岩、粉砂岩为主,底部岩石普遍含较高的有机物质和菱铁矿,因而颜色呈灰黑色—黑色,含丰富浮游生物化石,其中菊石最丰富。

五、三叠系(T)

三叠系主要分布在实习工作区丰海至溪口一带,为加福复式向斜最上部的一套地层,由浅海相钙质泥岩、粉砂岩、泥灰岩和藻灰岩组成,与下伏大隆组为整合过渡关系,总厚度大于500m,按岩性特点,自下往上可分为3段。

第一段(T_1x^1):为浅海相钙质泥岩,粉砂岩组成,一般青灰色—灰绿色,呈薄板状(单层厚小于10cm),局部夹灰岩透镜体。底部含丰富动物化石,呈介壳层产出,其岩性和化石特征与下伏大隆组呈过渡关系。

第二段(T_1x^2):为一套浅海相含藻灰岩,泥灰岩夹钙质粉砂岩,厚度大于280m。风化后呈明显薄层泥质和硅质条带,自下往上,具多厚度不等的藻类化石,其直径一般0.5～1cm。最大1.5cm,多呈圆形或椭圆形,其中还有少量动物化石。

第三段(T_1x^3):为一套风化后呈紫红色—紫灰色厚层状钙质砂岩、粉砂岩组成,厚度大于70m,其上被侏罗系上统南园组火山岩不整合覆盖,其中见有丰富的动物化石。

六、侏罗系(J)

侏罗系在区内出露有上统南园组、坂头组,仅局限分布于东南角鸬鹚坪。

1. 南园组(J_3n)

本组主要分布在坑边,大湖以及本实习工作区的东部鸬鹚坪岭上,为一套英安质—流纹质火山熔岩和火山碎屑岩组成。厚度546m,喷发不整合于下伏地层之上。本组火山岩自下而上可明显分出4个喷发旋回,岩性上总体表现出从旋回下部到上部由火山角砾岩、集块岩到晶玻屑凝灰岩、晶屑凝灰熔岩或熔结凝灰岩的变化。区内本组未获化石资料,其岩石组合可与区域上南园组相对比,并为晚侏罗世坂头组假整合所覆,其时代应为晚侏罗世。

2. 坂头组(J_3b)

本组主要分布在永安盆地西北边缘的坂头村下渡和曹远一带,与下伏地层呈超覆不整合接触,属于河床相—湖泊相的沉积类型,岩性由杂色—灰黑色凝灰质的砂砾岩、砂岩和泥岩等组成。据邻区资料,厚度大于1071m,假整合覆盖于南园组或不整合于其他地层之上。自下往上组成4个较完整的沉积旋回,在曹远一带可能存在5个旋回。

第一旋回:紫红色凝灰质砂砾岩,厚约100m。

第二旋回:灰绿色夹紫红色凝灰质砂岩夹砂砾岩,厚54m。

第三旋回：灰白色—浅灰色纸片状泥岩、粉砂岩夹薄层硅质岩，厚270m。泥岩中含丰富叶肚介动物化石和一些植物化石。

第四旋回：灰色—灰黑色粉砂岩夹长石石英粗砂岩和含碳页岩，厚230m，只有一些瓣鳃类化石和植物碎片。

七、白垩系(K)

1. 白垩系上统沙县组(K_2s)

本组出露南金山下，益口车站两侧，为内陆干燥盆地沉积，以紫红色粉砂岩、泥岩为主，夹砂砾岩、长石石英砂岩及黄绿色粉砂岩、细砂岩、凝灰岩等。往上粗碎屑增加，呈不整合超覆在下伏老地层之上，是含石膏、钙芒硝、砂岩铜矿的含矿层位。属陆相红色碎屑沉积。整合覆于均口组或超覆于其他老地层之上；整合或平行不整合伏于崇安组之下。厚310～2634m。

2. 白垩系上统崇安组(K_2c)

该组分布于永安盆地中心，继承沙县组内陆盆地堆积的一套红色粗碎屑岩建造，在永安地区形成丹霞地貌，主要岩性为紫红色厚层砾岩—砂砾岩夹少量砂岩和粉砂岩，厚度和岩性变化大。崇安组由于胶结物常含钙质、胶结较紧密，经风化溶解，常构成假岩溶地貌(丹霞地貌)。崇安组地层厚度达200m，与下伏沙县组整合。

3. 白垩系上统赤石群(K_2ch)

本群分布在永安城头，组成红色盆地的主体，继承沙县组内陆盆地的堆积，主要岩性为紫红色厚层砾岩一砂砾岩夹少量砂岩和粉砂岩，厚度和岩性变化大，由于胶结物常含钙质，胶结较紧密，经风化溶触，常构成醒目的假岩溶地貌(丹霞地貌)。

八、第四系(Q)

第四系分布于调查区中部安砂曹田、青村、硐口等地，呈角度不整合覆盖于下伏地层之上。区内第四系未分，部分为更新统，暂定为全新统(Qh)。本统常组成河流Ⅰ级阶地，为洪冲积层。其岩性下部为灰黄色砂砾卵石层，上部为灰黄色砂质黏土、粉砂及细砂等，上下组成明显的二元结构，厚度16～38m不等。

第四节　侵入岩

区内侵入岩分布颇广，主要出露于西部旧场、北部芹溪、上庄一带，岩性主要为花岗岩类，并有少量脉岩。脉岩岩性为花岗岩、花岗斑岩及辉绿岩等。依据岩石学，地球化学、副矿物，接触关系等特征将区内侵入岩划分为海西晚期、燕山早期、燕山晚期及喜马拉雅期4个期、8个岩体(表9-2)。

一、海西晚期侵入岩

区内仅有芹溪岩体，岩性为片麻状似斑状二长花岗岩，本岩体即为区域上围埔岩体的北延部分。芹溪岩体侵入于下石炭统林地组、下二叠统文笔山组中，被燕山早期岩体所侵入，区域上黑云母K-Ar法年龄最大为273Ma，将其时代划归海西晚期。

表 9-2　调查区侵入岩期次划分表

<table>
<tr><th rowspan="2">期</th><th rowspan="2">阶段</th><th rowspan="2">次</th><th rowspan="2">脉动次</th><th rowspan="2">代号</th><th rowspan="2">岩体名称</th><th rowspan="2">主要岩性</th><th colspan="2">侵入时代</th></tr>
<tr><th>上限</th><th>下限</th></tr>
<tr><td rowspan="7">燕山早期</td><td rowspan="7">第三阶段</td><td rowspan="7">第三次楞状</td><td rowspan="2">—</td><td>γ_5^{2-3c}</td><td>里沙坪</td><td>黑云母花岗岩</td><td>—</td><td>$\eta\gamma_4^3$</td></tr>
<tr><td>γ_5^{2-3c}</td><td>莒林</td><td>似斑状黑云母花岗岩</td><td>—</td><td>$\eta\gamma_4^3$</td></tr>
<tr><td rowspan="3">3</td><td>$\gamma_5^{2-3c^3}$</td><td>李坊</td><td>似斑状钾长花岗岩</td><td>—</td><td>O_2dn</td></tr>
<tr><td>$\gamma_5^{2-3c^3}$</td><td>旧场</td><td>似斑状钾长花岗岩</td><td>—</td><td>P_1t^a</td></tr>
<tr><td>$\gamma_5^{2-3c^3}$</td><td>新冲</td><td>似斑状钾长花岗岩</td><td>—</td><td>J_2z</td></tr>
<tr><td>2</td><td>$\gamma_5^{2-3c^2}$</td><td>上庄</td><td>似斑状中粒钾长花岗岩</td><td>$\xi\gamma_5^{2-3c^3}$</td><td>$\xi\gamma_5^{2-3c^2}$</td></tr>
<tr><td>1</td><td>$\gamma_5^{2-3c^1}$</td><td>白溪口</td><td>细粒花岗岩</td><td>$\xi\gamma_5^{2-3c^2}$</td><td>$\xi\gamma_5^{2-3c^1}$</td></tr>
<tr><td colspan="4">海西晚期</td><td>$\eta\gamma_4^3$</td><td>芹溪</td><td></td><td>$\xi\gamma_5^{2-3c}$</td><td>P_1w</td></tr>
</table>

芹溪岩体为片麻状似斑状二长花岗岩，具灰白色、肉红色，似斑状中粗粒、细粒花岗结构，片麻状、残余层状构造发育。岩体发育边缘相、中心相，二者仅有粒度差别，呈渐变过渡。边缘相基质为细—微粒，中心相为中—粗粒，斑晶含量边缘相为 10％～20％，中心相 30％～40％。组成矿物均为微斜长石、钠长石—更长石、石英、黑云母等。中心相与边缘相矿物特征基本相同，微长石斑晶为半自形—他形板柱状，条纹构造发育，见卡氏双晶及格子状双晶，斑晶中包囊有细粒斜长石、石英、黑云母等矿物。斜长石斑晶为半自形宽板状，常被粗大的钾长石交代而呈残余结构，基质中斜长石被交代形成交代蠕英石结构。矿物受力作用明显，常呈碎裂状、眼球状，石英强烈波状消光，钾长石不均匀镶嵌消光，可见沿(001)解理面产生滑动双晶，斜长石双晶纹扭曲、断错等。

副矿物组合类型为磁铁矿-磷灰石-锆石类型。

芹溪岩体属于交代型花岗岩，其原岩为化学成分、微量元素含量不均匀的沉积岩。

二、燕山期侵入岩

1. 燕山早期侵入岩(γ_5^{2-3c})

本期侵入岩分布于本区西部旧场，北部上庄、长仁坂等地，计有 7 个岩体：旧场、里沙坪、莒林、白溪口、上庄、新冲、李坊岩体。其中白溪口、上庄岩体分别属于胡坊单元的第一、第二岩浆脉动侵入体，旧场、李坊、新冲岩体则属于其第三岩浆脉动侵入体。燕山早期岩体侵入于下二叠统文笔山组和芹溪岩体中，区外侵位于中侏罗统漳平组中，黑云母 K-Ar 年龄为 142Ma。

1)白溪口岩体($\xi\gamma_5^{2-3c^1}$)

本岩体为胡坊单元岩浆第一次脉动产物，侵入于下二叠统栖霞组及文笔山组中，使围岩产生强烈的大理岩化、矽卡岩化及红柱石角岩化。白溪口岩体岩性为细—中粒花岗岩，灰白色、肉红色，细粒花岗结构，局部为似斑状结构。主要矿物成分为钾长石(40％)、斜长石(30％)、石英(25％)及少量黑云母。钾长石为条纹长石和微斜长石，呈他形—半自形板柱状，局部发育格子状双晶。斜长石为自形粒状，发育聚片双晶，An=29～30。石英呈他形粒状，普遍具波状消光。

2)上庄岩体($\xi\gamma_5^{2-3c^2}$)

上庄岩体为胡坊单元岩浆第二次脉动产物，侵入于白溪口岩体中而被新冲岩体所侵；本岩体为似斑状中粒钾长花岗岩，中粒花岗结构。斑晶占5%～20%，成分为条纹长石、微斜长石及黑云母。基质占80%～95%，主要成分为钾长石、斜长石、石英及少量黑云母。

3)旧场、新冲、李坊岩体($\xi\gamma_5^{2-3c^3}$)

旧场、新冲，李坊岩体为胡坊单元岩浆第三次脉动产物，岩体在区外侵入的最新地层为中侏罗统漳平组，并侵入于上庄岩体中，新冲岩体中花岗伟晶岩钾长石单矿物K-Ar年龄为113Ma。

上述3个岩体岩性相似，为似斑状粗粒钾长花岗岩，在其边缘相带粒度略有变细。岩石具似斑状粗粒花岗结构，斑晶含量5%～50%不等，一般20%，均由钾长石组成。钾长石斑晶呈半自形—他形板状，发育格子状双晶，常包裹有细粒斜长石、石英及黑云母，基质主要成分为钾长石(30%～40%)，斜长石(15%～20%)、石英(20%～30%)和黑云母(5%～10%)。

胡坊单元副矿物组合类型以磁铁矿-磷灰石-锆石为主，次为磁铁矿-锆石-独居石，少数为锆石-独居石-磷灰石。

4)莒林、里沙坪岩体(γ_5^{2-3c})

二岩体位于区内西北部芹溪一带，侵入于芹溪岩体之中。岩体相带不发育，仅在接触带附近见宽度数米的细粒边缘相带。莒林、里沙坪岩体岩性相似，为似斑状中粗粒黑云母花岗岩。斑晶由钾长石、斜长石组成，含量20%～30%，分布较均匀，呈自形板柱状，钾长石具条纹构造，包囊有少量细粒石英、黑云母等矿物。斜长石具净边结构，聚片双晶发育。基质占70%～80%，主要由斜长石、钾长石、石英及黑云母组成，斜长石An=28～29，与钾长石接触边处见净边蠕虫状构造，部分被钾长石包裹。石英不规则粒状，微弱波状消光。

莒林岩体副矿物为独居石-锆石-磁铁矿组合类型。

燕山早期是区内内生矿产的重要成矿期，岩体与二叠系灰岩接触带可形成矽卡岩型的银、铅、锌矿化及稀有稀散元素矿化。

2.燕山晚期侵入岩

本期侵入岩均以脉状产出，岩性以花岗斑岩为主，另有少量石英斑岩等酸性岩脉。主要出露于调查区西部蛟坑、芹溪，北部上庄等地。侵入于各期次岩体及各时代地层中，严格受断裂控制，区外测得石英斑岩全岩K-Ar年龄为94Ma。

岩脉一般宽数米至数十米，长数百米，最长达1500m。脉幅较大的花岗斑岩一般具有分带，边缘为流纹斑岩，宽仅数米，中心为花岗斑岩。花岗斑岩具斑状构造，基质为显微花岗结构。斑晶(15%～20%)以钾长石为主，斜长石次之，并有少量石英，粒径0.6～2.0mm，自形程度好，分布不均。钾长石斑晶具格子状双晶，斜长石个别被钾长石交代或包裹于钾长石中。基质(80%～85%)半自形粒状，成分同斑晶，石英含量增加，可达20%～25%。

三、喜马拉雅期侵入岩

本期侵入岩在区内仅出露辉绿岩，均以脉状产出，宽一般数米，最宽达百米，最长千米以上。脉岩侵入于各期岩体及各时代地层中，受断裂控制明显。辉绿岩主要分布于调查区西北部余朋，北部上庄，西南部丰海等地。

辉绿岩脉大多具分带现象,边缘相为细粒结构,中心为中粒结构。岩石为灰绿色—黑绿色,组成矿物主要为斜长石、辉石及少量石英,其中斜长石占65%~70%,为拉长石,呈细长柱状、杂乱排列,形成辉绿结构三角架,辉石20%~30%,往往以粒状充填于三角架中,构成典型的辉绿结构,石英0~5%,呈他形粒状,偶见与钾长石交生。

区内辉绿岩分布颇广,岩石新鲜,质地细腻,致密坚硬,色泽墨绿,是一种不可多得的中高档石材原料。

第五节　区域地质构造

调查区大地构造位置处于华南褶皱系东部、闽西南坳陷带北缘。调查区地层出露较为齐全,岩浆活动频繁,各旋回构造运动表现强烈。依据地层接触关系、沉积建造,构造变动和岩浆活动等特征,可将本区划分出加里东、海西—印支、燕山、喜马拉雅4个构造旋回。

一、加里东构造旋回

1. 加里东旋回的构造运动及沉积建造

加里东运动为区内最重要的运动之一,发生在奥陶纪末与晚泥盆世之间。本次运动使区内奥陶纪地槽沉积地层发生褶皱和区域浅变质,结束了加里东地槽发展历史,造成了上泥盆统天瓦岽组与奥陶系间的高角度不整合。

加里东构造层在区内仅出露有早古生代的奥陶系,为一套厚达2000余米的砂、泥、硅质复理石建造。按岩性的差异可进一步划分成砂泥质复理石建造、砂质复理石建造和泥硅质复理石建造。

1)砂泥质复理石建造

该建造包括罗峰溪群下段下部岩石组合,岩性为变质中细粒石英杂砂岩、变质细砂岩、变质粉砂岩及千枚状泥岩等。调查区安砂之西李厝、罗岭一带与东部斑大衍一带相比岩性稍有差异,前者千枚状泥岩、变质粉砂岩所占比例较大,后者相对较少而以变质中细粒石英砂岩、变质细砂岩为主。

2)砂质复理石建造

区内中奥陶统东坑口群和上奥陶统罗峰溪群上段岩性属之。岩性组合以厚层、巨厚层变质中细粒(含长石)石英杂砂岩为主,间夹薄层变质粉砂岩、千枚状泥岩。该建造尤以东坑口群更为典型,其单一的厚—巨厚层杂砂岩,厚度稳定,区域上岩性组合可比性好,是一个重要的标志层。

3)泥硅质复理石建造

该建造包括下奥陶统魏坊群上部、上奥陶统罗峰溪群下段上部地层。岩性组合以薄层千枚状泥岩与泥质硅质岩互层为主,这种互层尤以调查区东部斑大衍一带更典型,在安砂以西则硅质岩明显减少,而以泥质硅质岩代之。

2. 加里东旋回的构造变动

加里东构造变动特征表现以褶皱为主,伴随有一些褶皱期后的逆冲断层,由于后期的沉积覆盖、岩浆活动及构造破坏，这些褶皱和断裂均受到程度不同的改造。与变形相随的有区域上浅变质事件发生。

1）褶皱

本构造层中的褶皱仅有仁场复式背斜，中部由于安砂水库淹没区的限制，未能进一步理清其构造形态，仍作单斜地层处理。东部西坑一带则属于邻区贡川幅之李坊、魏坊倒转复式背斜的南西正常翼部分。

仁场复式背斜位于调查区西北部，长4.5km，宽2 km，沿轴向北端为海西晚期岩浆侵入所破坏，南端及其西翼为燕山早期仁场-山坑断裂所逆掩而残缺不全。

总体上背斜枢纽呈南北向展布，略向南倾伏。东翼倾角45°，西翼倾角20°，次级褶曲较发育，构成剖面上相对较宽缓而又具复式褶皱的特点。背斜核部出露东坑口群之微片理化石英杂砂岩，两侧分别为罗峰溪群下段之灰黑色千枚岩、硅质千枚岩。

2）断裂

本期断裂仅在东部西坑、班大衍见及，有西坑北北西向逆断层（F_1）、班大衍北西向逆断层（F_2）。断裂走向与地层走向大致相同，属走向断层，发育于褶皱翼部，长度大于3.5 km。断裂总体走向为北北西—北西，倾向南西，断面具强烈缓波状，局部甚至可转向反面，倾角一般为50°～55°。断裂带中发育3～5m宽的挤压破碎带，其中见片理化断层泥胶结构造透镜体，并有断续分布之压熔石英团块、高碳质挤压糜棱物质，两侧岩层发育片理构造，表现了强烈挤压的构造特征。

3）区域变质作用

区内奥陶系普遍遭受区域变质作用，变质程度浅，所见变质岩石主要为变质砂岩、千枚状泥岩、千枚岩及变质泥硅岩等。变质岩常为变余砂状结构、变余泥质结构和显微鳞片变晶结构。变质矿物组合一般为石英-钠长石-绢云母（或少量雏晶黑云母）-绿泥石，属低绿片岩相。

二、海西—印支构造旋回

海西—印支构造旋回系指晚古生代至晚三叠世早期的构造旋回，区内发育有上泥盆统、石炭系、二叠系、下三叠统。本旋回地壳振荡频繁，沉积间断、地层超覆时有发生，褶皱断裂均较发育，岩浆侵入活动强烈。伴随区域浅变质发生。

1. 海西—印支旋回的构造运动及沉积建造

本旋回的构造运动包括海西运动Ⅰ幕，海西运动Ⅱ幕和印支运动。

海西运动Ⅰ幕发生在中石炭世，表现为中石炭统黄龙组和下石炭统林地组呈假整合接触。海西运动Ⅱ幕发生在上、下二叠统之间，区内见上二叠统翠屏山组与下二叠统童子岩组的假整合接触。印支运动是继早三叠世沉积之后，地壳的大幅度抬升而出现由海向陆变迁，从此结束了长期以来的地台发展史，构造变动产生由原来的褶皱为主转变为断块构造运动为主的转折。

海西—印支构造旋回的沉积建造为一套厚达4km的地台型沉积，按岩性组合可分粗碎屑岩建造、碳酸盐岩建造、细碎屑岩建造、含煤细碎屑岩建造和钙、硅、泥岩建造。

2. 海西—印支旋回的构造变动

1）褶皱

海西—印支期褶皱自西向东有：村尾向斜、东山下背斜、猴子晾向斜、茶林下背斜、仁场-大排顶背斜、吴厝墘向斜、丰海复式向斜。

本期褶皱形态各异，从宽缓的到紧闭的，直立的甚至倒转的均有。岩性的不同和层厚的差异对褶皱形态、强度有明显的制约作用。如发育在上泥盆统、下石炭统厚层粗碎屑岩建造中的仁场-大排顶背斜、吴厝墘向斜，岩层由坚硬不易变形的厚层砂砾岩组成，多形成较宽缓的直立褶皱，两翼地层倾角在 30°～50°之间。但发育在上、下二叠统的细碎屑岩、含煤细碎屑岩建造中的褶皱，由于岩层薄，岩石多为塑性高的泥岩及煤层，则形成紧闭的直立甚至倒转的褶皱，如丰海复式向斜，其北西翼岩层发生大规模倒转，次级褶曲形态多为紧闭的直立、尖楞状，且常见倒转现象。

2)断裂

伴随海西—印支期褶皱构造变动，发生了主体平行或大致平行于褶皱构造线的断裂。这些断裂主要呈北北东—北东方向，按断裂活动性质不同和产状不同可分为缓倾角断裂和一般走向断裂。

(1)煤系地层中缓倾角断裂。

本类型断裂以发育于煤系地层中且以低倾角为特征而得名。最近随着推覆构造的研究，又将其命名为盖层间拆离推覆构造。

区内本类型断裂有竹坑(F_{13})、茶亭岭(F_{14})北北东向逆断层和界头(F_{20})北东向正断层。由这 3 条断裂组成的盘状，“U”字形态断层控制了整个煤系地层的展布。

竹坑、茶亭岭断层发育于丰海复式向斜北西翼的热水一枫树地一茶亭岭一带，长度大于 9.5km，向南延至图外，走向北北东 35°左右，向南东倾，倾角 25°～35°，沿断面走向、倾向均呈强烈的缓波状。两条断裂实属同一组断裂，二者可分叉又可复合，所夹破碎带宽 0～200m。破碎带中普遍可见大小悬殊，呈次圆、次棱角状的构造角砾岩。沿走向地表常缺失童子岩组第一段、第二段，第三段也往往残缺不全。经钻孔深部验证，证实断层向南东倾角渐缓，以致和界头北东向断层(F_{20})连成一体，本组断裂对含煤地层破坏性极大，往往造成可采煤层的缺失。

界头北东向正断层(F_{20})发育于丰海复式向斜南东翼界头村一带，区内长度大于 4.5km，南延区外，平面上与 F_{13}、F_{14} 连成一体而构成一个斜列的“U”字形态圈闭整个煤系地层，是控制永安煤矿加福-丰海井田的一级断裂。

(2)走向断裂。

这类断裂以大致平行褶皱轴走向为特征。多数为北东走向的正断层，如小伙(F_{16})以上，构造角砾均为原地的砂岩、泥岩，具棱角、次棱角、潴母墘(F_{17})、崛前(F_{18})、斑竹坑(F_{19})等断层。其长度一般大于 4.5 km，垂直断距几十米至数百米不等，破碎带宽度数米至数十米。如斑竹坑北东向正断层，区内长度大于 4.5km，走向北东 30°～50°，倾向北西，倾角 60°，沿断裂走向两侧地层往往缺失，垂直断距 64～330m，往北断距变小。断层破碎带宽达 20m 以上，构造角砾均为原地的砂岩和泥岩，具棱角、次棱角状，杂乱排列，显示了断裂具有张性活动的迹象。

3. 海西—印支构造旋回的岩浆活动及变质作用

本期岩浆活动较为广泛，所形成的花岗岩最显著的特点是岩石中普发育原生足向叶理构造。由长石的定向排列、黑云母聚集成带所构成，造岩矿物受压破碎。如芹溪岩体所发育的叶理主要呈北东走向，与岩体长轴近乎一致，岩石中长石斑晶圆化、双晶纹错动或扭曲、石英波状消光等。这些迹象显示了当时地壳构造活动频繁、地应力集中并表现相当强烈，从另一个侧面提供了构造活动的信息。

除了岩浆侵入所造成的围岩红柱石角岩化的热接触变质外，区内晚泥盆世—中石炭世地层也普遍遭受了区域浅变质作用，反映当时地热梯度异常高值特点。变质作用主要表现为泥岩、粉砂岩的千枚理化，砂岩、砂砾岩的片理化及砂砾岩、砾岩的重结晶、净化作用。

三、燕山构造旋回

区域上燕山构造旋回指晚三叠世至晚白垩世的构造层和构造旋回，包括有5个构造运动幕，伴以大规模的断陷、岩浆侵入和火山喷发。区内据建造差别、接触关系、断裂活动及岩浆侵入等特征，进一步划分成燕山早期和晚期两个亚旋回。

1.燕山早期亚构造旋回

1)燕山早期亚旋回的构造运动

(1)燕山运动Ⅰ幕。

区域燕山运动Ⅰ幕上发生于中侏罗世和晚侏罗世之间，区内反映为上侏罗统南园组火山岩喷发不整合覆于其下伏老地层之上，伴随有较强烈的中酸性火山喷发。

(2)燕山运动Ⅱ幕。

燕山运动Ⅱ幕发生于晚侏罗世晚期，区内表现为上侏罗统坂头组与南园组间的假整合。火山活动趋于平息，差异性升降断块活动相对增强。

(3)燕山运动Ⅲ幕。

燕山运动Ⅲ幕发生于晚侏罗世末，区内未见早白垩世沉积。本次运动主要表现有大规模的多次岩浆活动，并以脉动式侵入为特征，形成旧场、莒林、白溪口、上庄、新冲等岩体。

2)燕山早期亚旋回的构造变动

区内本期构造变动表现以断裂的活动为特色，并明显有两种不同性质，一种为一般张性断裂，多形成高倾角、多期活动的正断层，而另一种则呈大片的外来岩系——推覆体岩席和构造窗、飞来峰，逆掩于原地岩系之上。

(1)张性断裂。

张性断裂以芹溪-陈坑(F_{57}，和芹田垄-曹远 F_{58})北西向大断裂最为醒目，它们是永安-晋江北西向大断裂的延伸部分，两条断裂呈北西305°方向斜贯全区，并向图外延伸。区内长度大于32km，F_{57}倾向北东，倾角60°～80°，F_{58}倾向南西，倾角75°～85°，二者构成一地堑式断裂。断裂具有宽达20～30m的破碎带，带中构造角砾岩大多为棱角状并为铁质所胶结，风化后呈角砾状褐铁矿沿断裂走向断续分布。断层两侧地层强烈破碎，常见石英脉穿插。在破碎带中也常可发现浑圆状压性构造透镜体、石香肠构造等，可见曾经有过压、扭性活动，后为张性活动所改造。本组断裂在坂头组沉积之后又有活动，而且 F_{58} 相对 F_{57} 下降幅度更大。

(2)推覆构造。

福建西部印支—燕山期推覆构造的广泛发育已为近期大量的研究资料所证实，调查区新填制的地质图划出了一系列飞来峰、构造窗、叠瓦状断裂系等，构成一幅推覆构造干扰的醒目图像。已圈出两个大的推覆体：位于调查区西部的余朋-安砂推覆体和东北部的李坊-魏坊推覆体，后者大部分位于邻区贡川幅内。

A.余朋—安砂一带推覆构造。

余朋—安砂推覆体岩席北界止于里沙坪—洪门甲—白溪口一带，东界延至石碧—安砂—

青村一线，西、南方向延向区外，调查区内面积达 140km²。推覆体由奥陶系，上泥盆统，石炭系，下二叠统栖霞组、文笔山组等组成，所出露的原地岩系为石炭系—下二叠统童子岩组等。

a. 飞来峰：调查区西部余朋—蛟坑一带的飞来峰可称"飞来峰系"，有 9 个呈串珠状排列的"帽子"，为区内发育最完美的构造之一。其中有栖霞组灰岩、硅质岩逆掩于文笔山组的泥岩之上，林地组砂砾岩覆于文笔山组、栖霞组之上。在安砂凉坑一带破碎相当强烈的林地组砾岩推覆于文笔山组泥岩之上，在泥岩中找到了二叠纪动物化石。总体上飞来峰在地貌上均以高地出现，与下伏地层呈断层接触，断面平缓且多沿地形等高线圈闭。断面上构造角砾成分往往为二叠系地层岩性，如蛟坑一带栖霞组推覆于文笔山组之上，其断面上的构造角砾岩多由重结晶的压碎硅质岩、石灰岩等组成。推覆断面之下常发育与该面平行的一组压性断裂，显示了在统一应力场作用下的结果。值得指出的是余朋—蛟坑一带飞来峰均发育于外来岩系之上，是推覆构造中次一级构造，可谓之"峰中有峰"。

b. 构造窗：发育最好的构造窗位于调查区西南角硐口一带，窗口达 3km² 之大，地形上呈洼地圈闭于四周高山之下。窗内出露地层分别为林地组、黄龙组、船山组、栖霞组，与四面高山出露的天瓦岽组、桃子坑组呈断层接触，见上泥盆统砂砾岩逆冲于灰岩之上。另外在半封闭的安砂镇构造窗，上石炭统船山组质纯灰岩伏于巨厚层砾岩、砂砾岩之下，周围高山所出露的皆为上泥盆统—下石炭统的砾岩、砂砾岩。

c. 叠瓦状断层：推覆构造一级断面(F_{45})常处于地形低洼之处，往往为第四系堆积物所掩盖，但在推覆体内部所发育的一系列叠瓦状断裂能较好揭示和弥补这一缺陷。

余朋-安砂推覆体内部发育的叠瓦状逆冲断层自西而东有里沙坪-荷坊(F_{47})、村尾-茶林下(F_{48})、仁场-山坑(F_{49})、洪门甲-金竹凹(F_{50})等断裂。这些断裂的共同特点是走向北北东，倾向北西，倾角在 20°～35°之间。断裂明显具有先压后张两期活动的迹象，早期的强烈挤压往往使上盘发生逆冲而引起岩层的拖曳，断裂带中定向排列的构造透镜体、片理化断层泥等，具有指向意义的构造形迹指示上盘向南东方向逆冲。压性活动之后又有后期张性活动改造，如断层带中见有角砾状张性构造角砾岩为锰、铁质所胶结，局部断层泥片理指示上盘有过下降，一些压性构造透镜体中的裂隙又常被梳状石英脉充填。本次张性活动使原挤压面张开，为后期成矿提供了空间，如仁场银铅锌多金属矿点，矿化严格受断裂控制，沿断裂(F_{49})走向上风化淋滤的铁帽长达 5～6 km。

B. 李坊-魏坊推覆构造。

本推覆体在区内南西界位于培竹—溪源一带，被 F_{58} 所切，北西为燕山早期上庄、新冲岩体所侵入，东界向邻区贡川幅延伸，区内面积约 42km。推覆体为奥陶系及不整合于其上的上泥盆统、下石炭统，所出露原地岩系为二叠系栖霞组—下三叠统溪口组。

推覆构造最典型的飞来峰发育在培竹南东方向约 4km 处，上泥盆统天瓦岽组灰白色厚石英砾岩在地形上呈山峰而覆于下二叠统童子岩组上段含煤岩系之上。这个"帽子"本应和其东部 1km 外的天瓦岽组连成一片，由于 F_{58} 断裂的切割，后期又沿断裂带差异风化，使其脱离母体，成为游弋于煤系地层之上的孤舟。

在石碧一带丰海复式向斜的北西翼岩层，从原北东走向急骤拐弯成东西走向，该处煤系地层中产生了大幅度的与总体向斜构造线大不协调的轴面向北西—北倾的倒转褶皱。这种不协调的、不同期应力场作用下的产物，可以用李坊-魏坊推覆体在推移过程中的牵引、拖曳所叠加改造来解释。

C. 推覆体形成时代和推移方向。

调查区出露的推覆体层位从下奥陶统魏坊群到下二叠统文笔山组均有见之，原地岩系从下石炭统林地组到中侏罗统漳平组(区外)均有出现，而上侏罗统南园组、坂头组则未被推覆体逆掩，推覆构造断面及其外来岩系又为燕山早期花岗岩所吞噬。可以认为推覆构造事件发生的时代下限为中侏罗世沉积之后，上限为晚侏罗世火山喷发、燕山早期花岗岩侵入之前。

从推覆构造与其相互切割的断层关系来看，发生于煤系地层中的印支期缓断裂(F_{13}，F_{14})在石碧一带为推覆体所逆掩、改造，使早期断面在走向上发生急转弯，永安-晋江北西向断裂在区内延伸部分(F_{57}，F_{58})则切割了推覆体。可见区内推覆构造事件发生在印支末—燕山早期第Ⅰ幕运动之间。

区内推覆体前峰断裂及推覆体中的次级叠瓦状断裂的走向为北东、北北东，倾向北西，断面向南东呈弧形凸出，具压性逆冲性质，上盘中由断裂引起的片理揉皱指示上盘从北西向南东方向推移。石碧一带煤系地层的拖曳方向、叠加褶皱轴面的倾向同样指出推覆体的推移方向是从北西向南东推进的。

3)燕山早期亚构造旋回的火山喷发、岩浆活动

福建燕山早期正是火山活动的极盛时期，但调查区远离闽东沿海火山喷发带，火山活动极微弱，仅在山间断陷盆地内有火山岩零星分布。与火山活动相反，区内侵入岩广布，岩浆活动强烈，且以多期次、多脉动为其特色。形成有胡坊单元复式岩体(具有3次脉动岩浆侵入，分别形成有白溪口、上庄、新冲、旧场、李坊等岩体)、莒林岩体、里沙坪岩体等。岩性为花岗岩类。

2. 燕山晚期亚构造旋回

区内缺失本旋回沉积，表现为断裂构造较发育，并伴有微弱的岩浆活动。

本期断裂仅发育于调查区北部新冲、上庄岩体中，以东西向压性断裂为主导并有一系列派生的小断层。如水罗坪-东方红伐木场东西向断裂(F_{60})，在区内长度达14km，西端为F_{58}所限制，东边延至区外。断裂总体走向近东西，倾向北，倾角80°，沿断裂走向岩石强烈破碎，长石、石英矿物被挤压成长条状集合体具明显定向排列，构造透镜体长轴与断裂走向一致。镜下可见矿物颗粒具强烈破碎、定向带状排列，波状消光等，均表现了断裂具压性活动特点。断裂两侧发育的北东、北西向次级断裂，具有北东向左行剪切，北西向右行剪切的特点，是同一的南北向挤压应力场作用的结果。

本期岩浆活动极微弱，仅以脉岩产出，多数分布于早期岩体中，受燕山晚期断裂所控制，岩性为花岗斑岩、石英斑岩等。

四、喜马拉雅构造旋回

喜马拉雅期地壳以整体隆升为主，地形切割强烈，山峦突兀，沟谷纵横，第四系河流堆积较发育，断裂、岩浆活动均较微弱。

1. 第四系山间盆地河流堆积

区内第四系沉积主要分布于中部凉坑、曹田、青村及西部硐口一带。区内河流阶地一般发育有Ⅱ级，个别可见Ⅲ级阶地。堆积物以砂、砾、卵石和黏土等为主，常构成二元堆积结构。Ⅰ级阶地一般高出现代河床3～5m，Ⅱ级阶地一般高出10余米，而Ⅲ级阶地或溶洞堆积则更高，如蛟坑溶洞中古暗河堆积物已高出现代河道30余米，在余朋岩下Ⅱ级阶地砂砾卵石层倾角达

18°。这些现象揭示了第四纪以来，本区喜马拉雅运动仍有强烈的隆升活动，表现以各山间盆地的差异性，不均衡的间歇性隆升为特色，如图 9－2 所示，在丰海水电站左坝肩的公路边坡上发育有Ⅱ级阶地。

图 9－2　Ⅱ级阶地的冲洪积物高出河道 20 余米

2. 喜马拉雅旋回的构造变动及岩浆活动

第四系河流阶地的发育，表明本旋回构造变动以整体的隆升为特点，而一些早期断裂仍有继承性活动，并有温泉分布，如安砂热水，芹溪的内、外热汤等温泉均为该期断裂活动的迹象。

本旋回岩浆活动微弱，以中—基性岩脉形式产出，岩性以辉绿岩为主，脉岩多侵入于各期花岗岩及煤系地层中，其产状明显受早期断裂所控制，如图 9－3 所示，调查区沿线多次出露辉绿岩岩脉。

(a)辉绿岩岩脉侵入体

(b)岩脉球形风化

图 9－3　岩脉侵入体

五、区域地质发展史

根据沉积建造、岩浆活动、构造变动及区域浅变质等事件，可将调查区区域地质发展史划分成早古生代，晚泥盆世—早三叠世、晚侏罗世—白垩纪、新生代等4个发展时期。

1. 早古生代发展时期

区内早古生代地层是地槽演化阶段的产物，在较远离海岸的次深—深海沉积环境下，堆积了一套厚达2000余米的近源—远源的浊流、广海等深流，开阔—半封闭的半远洋沉积的砂泥质、砂质、泥硅质复理石建造。由于地壳处于地槽演化晚期阶段，总体上处于上升、隆起趋势，但又有间歇性的震荡、时降时升。

奥陶纪末的加里东运动结束了地槽沉积的历史，由海向陆变迁而接受长期的风化剥蚀作用。本次运动使地槽沉积的复理石建造发生了一系列紧闭的线状褶皱并伴随区域性浅变质作用。

沉积建造、杂砂岩的岩石学、重矿物组合、岩石化学、稀土元素等诸因素的研究结果表明，调查区奥陶系沉积的物源区是一种构造上较为稳定的被动大陆边缘，母岩是以沉积岩、浅变质沉积岩为主，中酸性火成岩亦占一定比例的岩石组合。

2. 晚泥盆世—早三叠世发展时期

本期地壳相对处于较稳定状态，随着晚泥盆世来自西南方向的海侵，调查区进入了地台型海相沉积阶段。

晚泥盆世—早石炭世时期继承了地槽基底的构造格局，处于胡坊-永定水下隆起。随着加里东运动地壳抬升成陆后，由于长期的风化剥蚀，物源丰富，沉积了上泥盆统—下石炭统的粗碎屑岩建造。

早石炭世末—中石炭世初，调查区受海西Ⅰ幕运动的影响发生隆起，遭受短暂剥蚀。中石炭世—早二叠世，海侵进一步扩大，地壳处于稳定时期，物源较缺，气候温暖，盐度适宜，致使以篱类、珊瑚为主的海相生物大量繁盛，沉积了一套色浅、质纯的灰岩。

早二叠世早期地壳再度活动，中期水体变浅，头足类、腕足类开始繁衍。栖霞组不纯灰岩沉积之后在浅海还原环境下形成了富含黄铁矿结核的下二叠统文笔山组泥岩沉积。

早二叠世晚期的海退使得原来浅海环境转为海陆交互相环境，当时气候温暖，雨量充沛，植物得到极度的繁盛，成为区内主要的成煤期。早二叠世末，受海西Ⅱ幕运动的影响，地壳再度抬升成陆，遭受短期剥蚀，造成了上、下二叠统之间的假整合接触，形成一套陆相环境的翠屏山组泥砂质沉积。

晚二叠世晚期又开始了新的海侵，在闭塞还原环境下沉积了大隆组含有机碳、黄铁矿结核的粉砂岩、泥岩夹透镜状灰岩，生物仅以适宜于广盐度的头足类得到大量繁盛。早三叠世开始，海侵进一步扩大，气候适宜，水体流畅，取代头足类的瓣鳃类生物得到大量繁盛，形成一套钙、泥、硅质沉积。随着印支运动的到来，地壳整体抬升，导致了一幕由海变陆的结局，终使调查区结束了长期的地台发展历史，进入了另一个新的发展时期。

受海西、印支运动的影响，区内形成了一系列北东向褶皱构造，以线状褶皱为其特色，剖面上呈较紧闭的直立褶皱，局部甚至发生倒转。断裂构造也相当发育，一个最显著的特点是在含煤细碎屑建造之底、灰岩之顶的两套软硬相间岩层面上发生了大型的滑脱断层。在厚度较大的地台沉积基础上，随着构造变动、地热梯度增高，使上泥盆统—下石炭统粗碎屑岩产生了轻微变质。地壳深部物质重熔，岩浆上侵，交代岩层，形成了以芹溪岩体为代表的交代型片麻状二长花岗岩。

在长期的地壳演化中形成了丰富的矿产，并以沉积矿产更为典型，如煤、石灰岩、白云岩、硅石等。岩浆侵入带来了丰富的稀土元素，为后期风化、富集成矿提供了物质基础。

3. 晚侏罗世—白垩纪发展时期

本期调查区进入了濒太平洋大陆边缘活动带阶段，印支运动之后，调查区构造变动形式发生了重大转折，由原来以褶皱为主的构造变动形式转变为燕山期的断裂变动为主。随着太平洋板块向欧亚板块的俯冲及其俯冲带的节节东移，产生了一系列由其诱导发生的构造、岩浆、沉积事件。

中—晚侏罗世之间的燕山运动Ⅰ幕，在太平洋西岸地壳上层发生了一系列大型拆离构造，区内推覆构造即为其中之一部分。从推覆体的推移方向可知是当时太平洋扩张造成了由南东向北西方向的挤压，这种挤压是推覆构造成生、发展的动力。

晚侏罗世晚期随着太平洋板块与欧亚板块俯冲带的东移，火山活动也随之东移，调查区在形成上侏罗统南园组中—酸性火山岩之后出现了较平静的环境，在一些继承性的山间断陷盆地内沉积了上侏罗统坂头组的火山碎屑岩和湖相页岩。伴随着晚侏罗世太平洋板块的消减，地壳深部物质重熔，形成再生岩浆，通过构造薄弱带，岩浆呈脉动式上涌，构成区域上大规模的岩浆侵入活动，调查区大面积出露的燕山早期花岗岩便是其作用的产物。

本期构造变动在区内主要表现为断块活动，相继发育了一系列断裂，如北西向芹溪-陈坑断裂(F_{57})、芹田垄-曹远断裂(F_{58})，东西向的水罗坪-东方红伐木场断裂(F_{60})等，这些断裂在不同方向应力场作用下具有长期、多次、性质不同的活动特点。

晚白垩世以来，随着西太平洋俯冲带的进一步东移，区内岩浆活动已近尾声，仅有小规模的岩浆活动，且以浅成、超浅成的脉岩侵入为其特色。

在本发展时期，岩浆活动强烈，在区内形成了重要的内生矿产，沿酸性侵入岩与地层接触带，形成矽卡岩型的银、铅、锌、钨、锡、铋及稀有、稀散元素矿化，是区内重要的成矿期之一。

4. 新生代发展时期

第三纪(古近系＋新近纪)以来由于受喜马拉雅运动的不断影响，地壳大幅度抬升，区内缺失第三纪沉积，第四系也仅零星分布于局部山间洼地或河谷两岸。由于剧烈的抬升和剥蚀，调查区内地形切割强烈，“V”形、“U”形河谷发育，这种抬升和剥蚀造就了调查区现代地形地质景观。这一时期气候温暖潮湿，被子植物繁盛，高等脊椎动物大量繁衍。

新近纪以来，调查区地处福建省西部、远离太平洋板块和欧亚板块俯冲带，受其影响较弱，岩浆活动亦相当微弱，仅形成一些中—基性小岩脉。

第六节　矿产资源

永安市矿业经济收入居全省之首，已成为该市的主要经济中坚，其中石灰岩、煤、重晶石为其三大支柱。20 世纪 60 年代勘探的石灰岩、70 年代找出的煤和 80 年代的重晶石，汇成了巨大的财源，给该市的经济插上了坚实的翅膀。

区域内各种矿产比较丰富，以沉积矿产为主，煤、石灰岩、重晶石丰富，还有一些多金属矿和耐火黏土矿。多金属矿产在东坑仔井田，发现在加福组第二段含钙砂岩中，有 2 层金属矿体，厚几米，为热液交代型。

1. 燃料矿物——煤

煤矿产于下二叠统童子岩组地层中，煤地层分布广，面积达 100km^2。且含煤性又较好，是福建省的重要煤炭基地之一，现已对斑竹坑井田、加福井田、东坑仔井田和东北部的洪田井田进行了地质勘探，并有初步规模开探条件，还有许多地区有待进一步工作。

丰海煤矿于 20 世纪 70 年代中期勘探完毕，求得储量近 1 亿 t。其煤质为中等灰分、亚低硫、高熔灰分、中上发热量、低强度、中变质的无烟煤，可作为动力、燃料用途。该矿勘探后即建成投产，到目前已发展成具有一定规模的产煤基地，年产量达百万吨，为地方提供了巨大能源，成为永安三大矿业支柱之一。

2. 石灰岩矿

石灰岩矿产于中石炭统黄龙组，上石灰统船山组和下二叠统栖霞组中，它们广泛分布在坑边、大湖、热水和小溪一带，蕴藏量大，质量好，是水泥化工的重要原料，现已大量开采利用。

永安坑边大型石灰岩矿床于 1958 年已由福建省地质局永安地质队勘探过，求得储量 1.2 亿 t，CaO 平均达 50%以上。随后由福建水泥厂开采作水泥原料，目前已有许多地方小水泥厂共开此矿，主要用于水泥、化工原料。目前石灰岩开采量达 170 万 t/a。

曹田石灰岩矿床 20 世纪 70 年代末期勘探，求得储量 2.2 亿 t。矿石质量好，CaO 含量平均达 53%，是一处大型化工、水泥原料矿床。该矿床目前已由地方水泥厂规模开采，开始发挥它的资源优势。

蛟坑石灰岩矿床为本次工作所圈定，经过轻型山地工程控制，求得当地侵蚀基准面以上地质储量 1.7 亿 t。该矿质量较好，CaO 含量平均为 51.94%，是一处大型水泥原料矿床。

3. 砂岩矿

砂岩矿主要赋存于天瓦岽组和桃子坑组的较纯净的石英砂岩、石英砾岩中，由富含石英的砂砾经海浪、潮汐分选与淘洗沉积形成。按其品质和用途，分为玻璃用砂、铸型用砂、水泥标准砂和建筑用砂。多为露天开采，以规模大、埋藏浅、易采易选、砂质纯洁、粒度均匀、含泥量低而著称。

4. 耐火黏土、陶用黏土

耐火黏土产于翠屏山组第一段中上部层位，常呈似层状或透镜状，层位稳定，厚度变化较大(0.2～3.7m)，质硬而脆。

5. 板材

本区可开采花岗岩板材和辉绿岩板材。花岗岩板材主要为燕山期侵入岩，其节理、裂隙不发育的岩体，储量丰富，广泛用于建筑、高级装饰和工艺雕刻。细粒花岗岩，呈灰白色或浅肉红色，由斜长石、钾长石、石英、黑云母组成。钾长花岗石，色泽美观，成材良好，岩石呈肉红色，中粗粒似斑状结构，主要矿物成分为钾长石、斜长石、石英。

辉绿岩为基性岩脉，质地致密坚硬，是装饰板材、碑石和石雕工艺的优质石料。矿体呈黑绿色,由辉石、斜长石等组成。

6. 重晶石矿

李坊重晶石矿床已探明储量1700多万吨,是一处特大型沉积变质型矿床。矿层产出严格受地层层位控制。构造上受石泉坪-天湖池倒转复式向斜控制,推测在地下深处,向斜北东翼矿层(Ⅶ矿段)与其南西翼矿层(Ⅲ、Ⅳ矿段)连成一体。矿石远景储量将远不止于目前浅部探明的储量。重晶石矿石质量好,$BaSO_4$含量一般70%~95%,最高达99.27%。

重晶石矿区地处永安-明溪主干公路附近,交通方便,矿体裸露于地表,地形、水文条件简单,适合于露天开采。

第七节 旅游地质

永安按地质遗迹类型、地域空间分布和研究开发程度,划分为大湖、桃源洞两个景区。总面积220km²,主要地质遗迹面积60km²。

一、大湖园区

1. 鳞隐石林景区

鳞隐石林景区位于大湖镇西北侧,包括石林景群、石林外景群和坡脚洞景群。该景区是一个较为完整的岩溶地貌系统,保留了岩溶地貌的形成发育过程中的各种类型形态遗迹,是研究其形成历史的最佳场地。在景观方面,景区不仅有繁花似锦的石林景观,而且石林下部分布有溶洞及其各种化学沉积形态。石林开发历史悠久,人文景观与石林景观相映成趣,特别是景区植被发育。凝固的石林与生机盎然"树林",构造了一处国内外罕见的生态石林。

2. 洪云石林景区

洪云石林景区位于大湖西北部,包括红土石林景群、莲花洞景群和洪云洞景群。该景区处于250~320m的山地,地形较为平缓。主要地质景观仍是岩溶石林地貌,石峰、石柱、石锥、石芽等,总计有200个左右,相对高差一般为5~8m,最大高约15m,怪石林立,多姿多彩。以红土石林最具特色,鲜艳的"红地毯"上,独具匠心地布置着各种动物的雕塑,是一处永恒的雕塑展:洪云洞有水平溶洞、落水洞、暗河、长廊及各类化学沉积形态。其中化学沉积的主要有石钟乳、石笋、石柱、石舌、石剑、石瀑布、石旗、石梯田、石钟、石葡萄、石葫芦、石花瓶、石幔等。坡脚下有岩溶大泉(俗称生命活水)出露。

3. 寿春岩石林景区

寿春岩石林景区位于大湖镇西南侧,包括石林景群、他山书院景群。该景区是一个较为完整的岩溶地貌系统。保留了岩溶地貌的形成发育过程中的各种类型形态遗迹。是研究其形成历史的最佳场地。在景观方面,景区不仅有人类祖先、一石四景、熊猫石、连心树等石林景观,而且在清代建有他山书院的仙人棋盘、石洞、白壁、隐泉、朝旭、月窝、野色、三峰等八景。

4. 石洞寒泉石林景区

石洞寒泉石林景区位于大湖镇东南侧,包括石林景群、十八洞景群和皆山书屋景群。该景区是一个较为完整的岩溶地貌系统。保留了岩溶地貌的形成发育过程中的各种类型形态遗迹。发现有 30 余处岩溶洞穴，洞穴类型和洞内各类型成因景观发育较为齐全，形态各异且繁多，洞中有洞，洞中有景，形成多方面、多角度、多层次的画面，绚丽多彩，是研究其形成历史的最佳场地。

二、桃源洞园区

桃源洞园区位于永安市的西北部。贡川镇和兴坪乡的交界处。面积 $56.5km^2$。核心景区如下。

1. 桃源洞景区

桃源洞景区主要由晚白垩世赤石群红色砂砾岩、砾岩组成。在 NE、NW 向二组垂直节理控制下，经流水侵蚀、风化剥落、重力崩塌等外营力作用，形成了雄伟的山峰、长城似的岩墙、高大的岩柱、陡直的赤壁丹崖、惊险的曲流狭谷等，如图 9－4 所示。其地质遗迹景观有八戒品桃、一线天、试剑石、望象台、风洞、仙人棋盘、太白岩、阆风台、叠翠台、脱俗岩等。特别是桃源洞一线天，其规模及稀有性获得上海吉尼斯世界纪录。桃源洞口崖壁标高 210 m 处，天开一缝，直透崖顶，上窄下宽，总长约 127 m，有人工石阶 206 级，高约 90m，一线天两侧崖壁较为齐整，下段 80m，平均宽度 0.5m，最宽 0.8m，最窄 0.4m。

图 9－4　桃源洞口

2. 百丈岩景区

百丈岩景区位于桃源洞景区的东南侧，如图 9－5 所示，其丹霞地貌形态有崖壁、岩峰、岩墙、岩柱、水上一线天等，也见有溶槽、岩壁流痕、圆形洞、扁洞等微地貌景观。地貌形态多样，类型齐全，是一处较为集中丹霞地貌之大全的场地。尤以雄伟的色彩斑斓的赤壁丹崖间的桃花涧溪流，清静深幽的峡谷中流水潺潺。集雄、险、奇、秀、幽于一体。

图 9-5 百丈岩

3. 栟榈景区

栟榈景区为修竹湾的沙溪河水面，因贡川水电站建设，形成了坝址至永安市城关的十里平湖，被称为栟榈潭。其两岸是桃源洞丹霞地貌景观区（图 9-6），沿途可见有石头城（左岸）、乾坤清气（左岸）、观音岩、桃源洞（右岸）、走马岩、天柱峰、龟山等地质景观。

图 9-6 栟榈潭丹霞地貌

第十章　野外教学实习路线介绍

野外地质教学路线是选择实习区有代表性的地质路线，在实习教师带领下通过对野外实习路线的认知与记录，了解实习区内的地层、岩性、地质构造，初步掌握实习区的基本地质特征，加深对风化、地面流水等表层地质作用、岩浆作用、构造运动等基础理论知识的感性认识；通过对野外路线上各种地质现象的观察和记录描述的实践活动，实现对学生们野外地质填图工作方法的训练。

永安丰海实习区的沉积岩约占 40%，岩浆岩约占 40%（侵入岩 30%、火山岩 10%），变质岩约占 20%（区域变质岩、接触变质岩、动力变质岩），具有完整的地层序列，丰富的化石种类，齐全的岩石类型，多样的地质构造现象，丰富的非金属资源，罕见的地貌景观，深厚的人文积淀，浓缩了福建主要地层和典型的地质构造现象，能较系统地再现福建古生代以来的地质演化历史，因此，永安是理想的基础地质教学实习基地。通过本专业老师多年来的归纳与总结，规划出 10 条实习路线，如图 10－1 所示。各条路线上均有人工挖方边坡，可以直接观察地层岩性和地质构造现象，如图 10－2 所示。

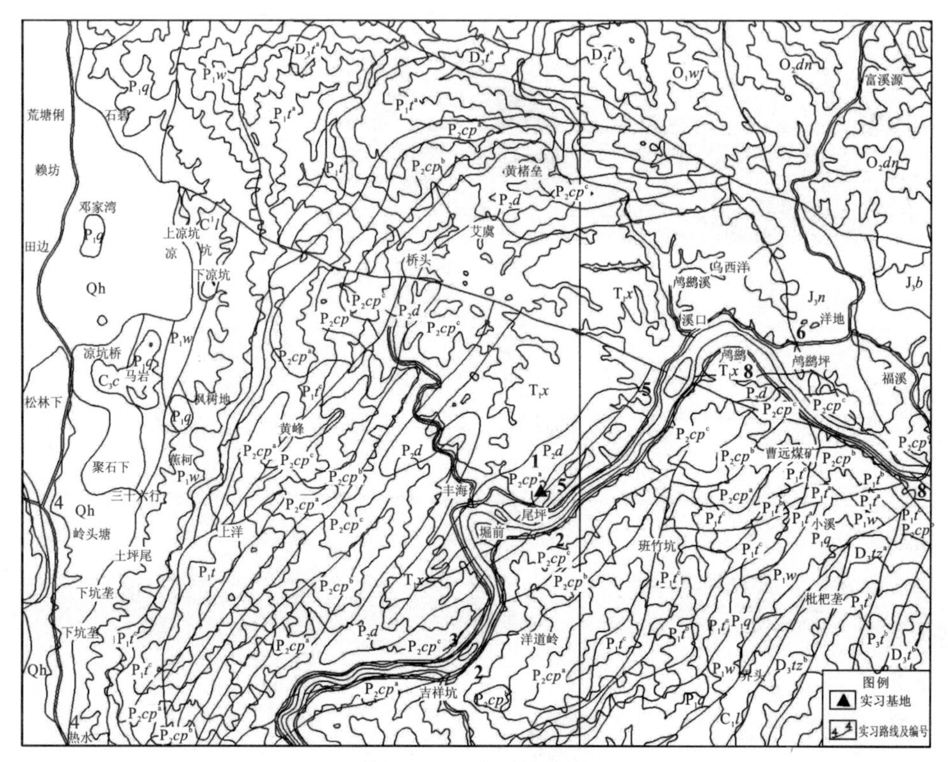

图 10－1　实习路线图

(a)良好的人工剖面

(b)清晰的沉积旋回

图 10-2 典型地质剖面

第一节 观测路线Ⅰ:丰海煤矿矿区周边

1. 路线

在丰海煤矿矿区周边调查,熟悉实习区交通、地形地貌,掌握野外定位方法、测量岩层或节理产状三要素。

2. 任务

(1)了解实习区交通及自然地理概况。

(2)学习使用地形图。

(3)学习利用罗盘测量斜坡坡度、测量岩层或节理产状三要素(倾向、倾角及走向),并正确记录。

(4)观察厂区内边坡挡土墙。

3. 重点教学内容

(1)掌握野外定位方法。打开实习区 1∶10 000 地形图，按照读图方法及步骤，根据在地形图上查出的磁偏角值，掌握校正罗盘磁偏角的方法，用罗盘测出该地点(学生所站的位置)的正北方向，并使地形图的正北方向(图的正上方)与实际正北方向重合。具体方法是把罗盘的长边(与标有 S—N 线平行的边)与地形图的纵图框平行，然后转动地形图(罗盘可以放在地形图上，与地形图同时转动，注意不能只转动罗盘或地形图)，使罗盘的磁北针指向 0°，这时地形图的正北方向与实际正北方向就重合了；对好地形图的正北方位后，了解地形图上不同地形等高线的特征，再观察周围的地形特征及其在地形图上的表示符号，熟悉实习区的山川地貌和道路村庄分布情况，以便制订出合适的实习计划和实习路线，特别是指出实地地形的九龙溪、丰海村、矿区办公楼、食堂、招待所、桥梁等在地形图上的位置。

(2)在野外借助罗盘采用三点交会法进行定点或直接采用地形地物法定点，学习掌握 GPS 设备定点，并标注在地形图中，如图 10 - 3 所示。

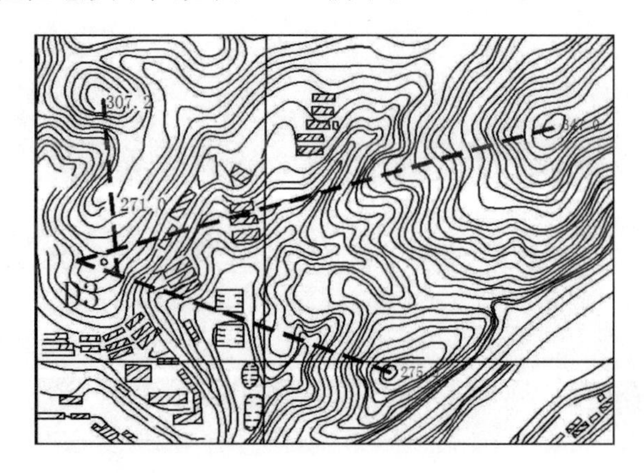

图 10 - 3　三点交会定点法示意图

(3)学习利用罗盘测量斜坡坡度、测量岩层或节理产状三要素(倾向、倾角及走向)并正确记录，如图 10 - 4 所示。

(4)查找和判断岩层层面，并测量岩层厚度，分析岩层沉积环境，如图 10 - 5 所示。

(5)在丰海矿区大门口右侧边坡可见清晰的褶皱构造现象，如图 10 - 6 所示，实习时应开展以下工作：

①观察和确定褶曲核部和两翼岩层的岩性和时代。

②观察褶皱两翼岩层的倾斜方向、转折端的形态和顶角的大小，并确定褶皱轴面及枢纽的产状。

③根据褶曲的形态、两翼岩层和枢纽的产状确定出褶皱的类型，进一步分析推断褶皱的形成时代和成因。

(6)观察厂区内边坡挡墙，分析挡墙用途、施工方法、挡墙支护形式、排水孔的布置，如图 10 - 7 所示。

图 10-4　测量岩层倾角

图 10-5　判断岩层层面

图 10-6　褶皱

图 10－7　拱形挡墙及挡墙排水孔布置

第二节　观测路线Ⅱ：洋道岭隧道口至水泥厂大门口

1. 路线

本条路线沿永加煤矿运输专线铁路的沿线观察，该线路地质露头比较连续，沉积旋回明显，有许多典型的岩土挡墙工程措施。

2. 任务

(1)在地形图上确定观察点的位置及范围。

(2)认识沉积岩，沿途观察并学会肉眼鉴定岩石类别。

(3)基本掌握在野外如何区分层理与节理，测量岩层与节理产状。

(4)根据沉积岩层面构造特征，判断上、下层关系，确定地层层序。

(5)讨论沉积岩的沉积环境，理解沉积旋回。

(6)观察褶皱构造。

(7)观察锚杆框架网格梁支护形式。

(8)调查滑坡区，观察滑坡区抗滑桩的支护形式。

(9)观察铁路两侧边坡挡墙的支护形式。

3. 重点教学内容

(1)本路线沿线岩性以中粒砂岩、细粒砂岩为主，夹泥岩、粉砂岩和煤层，如图 10－8 所示，总的是下部粗，往上变细，明显出现几个小旋回，下部为河床相的中粒砂岩夹泥岩，粉砂岩，在大隆组地层中可以找到煤线，如图 10－9 所示，中部和上部主要为粉砂岩和泥岩，局部夹砂岩，说明该地段属于河床河漫-湖泊相沉积建造类型。实习时应着重观察研究地层层序、岩性、物质成分、结构构造、沉积特征、沉积旋回、岩相建造、厚度变化、标志层及其纵横方向变化规律，并确定各地层时代。特别是沉积岩的主要特征是层理构造，它是由沉积物的成分、颜色、结构等在垂直沉积物层面的方向上不同所形成的一种层状构造，层理的类型很多，主要有水平层理、斜层理，波状层理。

交错层理是指在层系的内部有一组倾斜的细层(前积层)与层面或层系界面相交，又称为

(a)石英砂岩

(b)粉砂岩

图 10-8 石英砂岩与粉砂岩

图 10-9 大隆组煤线

斜层理，这个可以起着示顶底构造作用，如图 10－10 所示，在野外的岩体中可以看到交错层理，可以明显看出上部为顶面，下部为底面，本地段地层为正常沉积，因此通过交错层理可以判断岩层是正常沉积还是存在倒转现象。

图 10－10　交错层理

(2)褶皱构造。野外对褶皱的判别首先是几何学的观察，目的在于查明褶皱的空间形态、展布方向、内部结构及各个要素之间的相互关系，建立褶皱构造的样式，进而推断其形成环境和可能的形成机制。所以在野外观察和记录褶皱发育特征：

①定点观察和制图，记录褶皱的地理位置。

②褶皱核部和两翼的地层及其岩性。

③褶皱两翼、枢纽和轴面等要素的产状。

④褶皱对称性。

⑤褶皱在能干性不同的岩层中发育的差异性。

⑥褶皱伴生组合要素及各自表现特征。

⑦尽可能搜集不同部位岩层厚度及其变化等原始资料并在正交剖面上拍照。

⑧根据搜集的数据、资料和信息对褶皱形态、位态、样式等初步进行几何学分析；综合归纳和深入研究，对其成因机制和运动学进行解释，如图 10－11 所示。

(3)锚索框架网格梁支护。本路线在铁路下边坡采用浆砌块石挡墙支护，铁路部门监测到铁路下沉，挡墙向河中倾斜，因此，采用预应力锚索框架网格梁对河岸加固支护，如图 10－12 所示，在现场进行考察同时应掌握以下几个方面：

①锚索分类和应用范围。

②锚索构成。

③锚索框架网格梁支护作用原理。

④框架梁的作用，测量锚杆框架梁的尺寸和间距。

⑤锚索施工方法。

图 10－11　褶皱产状测量

(a)锚索框架网格梁支护全景图

(b)现场锚索框架

(c)锚孔施工设备

(d)锚索及对中支架

(e)锚具组件

图 10－12　锚索框架网格梁支护图

(4)抗滑桩。2006 年 7 月强热带风暴“碧利斯”登陆福建，带来强风暴雨，诱发铁路在 K22＋380 地段产生滑坡，铁路向河边移动 1.2m，导致铁路中断运营，铁路部门对该地段采用抗滑桩及挡墙等工程支护措施，形成一个良好的滑坡治理地质教学点，如图 10－13 所示。

(a)抗滑桩现场照片

(b)人工挖孔灌注桩　(c)抗滑桩配筋照片

(d)冲孔灌注桩　(e)滑坡区周边排水沟

(f)软式透水管(摄于2008年9月)　(g)软式透水管(摄于2016年9月)

图 10－13　滑坡区治理照片

抗滑桩是穿过滑坡体深入于滑床的桩柱,用以支挡滑体的滑动力,起稳定边坡的作用,适用于浅层和中厚层的滑坡,是一种抗滑处理的主要措施。本工程采用了矩形人工挖孔抗滑桩和冲孔灌注桩,实习中需了解并掌握以下几个方面。

①对于滑坡区调查内容主要有:

a. 滑坡区的基本地质、地貌特征调查,包括地貌部位、地层岩性、岩层产状及其与坡向的关系、构造断裂和水文地质特征。

b. 滑坡体特征调查,包括观测滑坡的周界特征并确定滑坡范围,在地形图上圈出滑坡范围。岩体结构、岩性组成,滑坡数量及物质成分、滑动面的特征及与其他结构面的关系,地下水活动与赋存情况。

c. 滑坡变形活动特征调查,包括变形活动现状、变形活动阶段、滑动方向与滑动距离、滑动的方式与力学机制、稳定现状及发展趋势等。

d. 滑坡成因调查,包括自然动力因素与人类工程经济活动对滑坡发生与发展的影响。

e. 滑坡危害调查和滑坡防治工程及其效果调查。

②对抗滑桩的调查和了解内容有:

a. 抗滑桩分类和应用范围。

b. 抗滑桩构成。

c. 抗滑桩支护作用原理,布置位置。

d. 现场测量抗滑桩的尺寸和桩间距。

e. 抗滑桩施工。

③学习掌握滑坡治理过程中排水工程措施。

第三节 观测路线Ⅲ:加福村至丰海水电厂

1. 路线

本条路线沿城安线从加福村到丰海水电厂,线路上地质露头连续,沉积旋回明显。各种地质构造现象突出,如推覆体构造、岩脉、粉砂岩的铅笔构造,不整合接触等。

2. 任务

(1)观察二叠系翠屏山组及大隆组的岩性特征及沉积旋回。

(2)观察断层地质构造。

(3)观察推覆体构造。

(4)观察铅笔构造。

(5)观察岩脉特征。

(6)观察煤线特征。

(7)观察不整合接触。

(8)观察楔形体。

(9)九龙溪河流阶地调查。

(10)参观丰海水电站。

3. 重点教学内容

(1)本路线沿线岩性以细粒砂岩、粉砂岩为主，如图 10－14 所示，总的是从下往上由粗变细，出现多个旋回构造，实习时应开展以下工作：

①在地形图上确定观察点的位置及范围。

②认识沉积岩，沿途观察并肉眼鉴定岩石类别。

③掌握在野外鉴别层理与节理要点，测量岩层和节理产状。

④根据沉积岩层面构造特征，判断上、下层关系，确定地层层序。

⑤讨论沉积岩的沉积环境，例如图 10－14(c)所示，中薄层砂岩说明在这个地区长期稳定，同时小幅规律性周期性振荡，被区域性节理切割成砖块状。

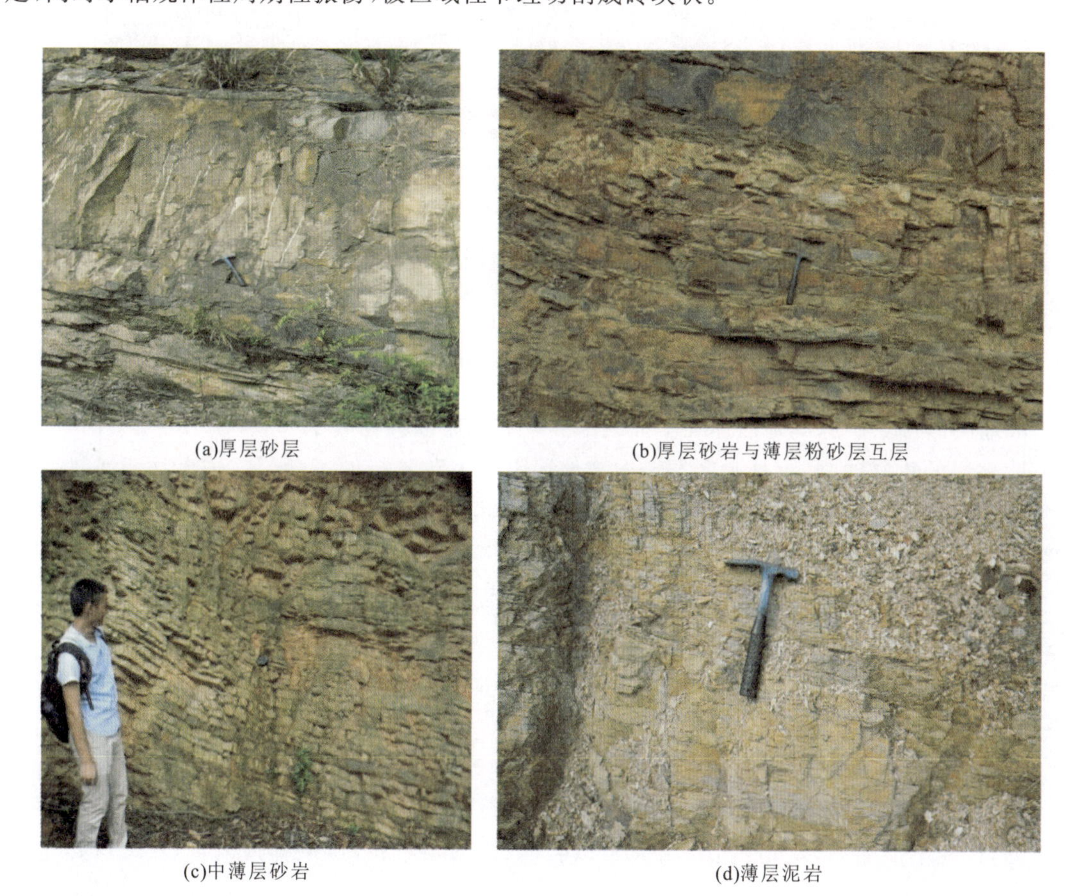

(a)厚层砂层　(b)厚层砂岩与薄层粉砂层互层

(c)中薄层砂岩　(d)薄层泥岩

图 10－14　沉积层理

(2)断层。如图 10－15 所示，厚层砂岩(标志层)在断层带上中断，断层两侧标志层错位明显，断层左右两侧地层不对称，在断层带可以观察到构造岩、断层擦痕。在野外应该进行以下工作：

①在地形图上标出断层的位置。

②描述组成断层的地层、岩性、规模等，找出标志层，判断断层性质。用罗盘测量断层面及两侧岩层产状。按比例画出断层素描图，并标明比例、方向及图名。

图 10-15 走滑断层

③断层观察。

野外认识断层及其性质的主要标志是：

a. 地层、岩脉、矿脉等地质体在平面或剖面上突然中断或错开。

b. 地层的重复或缺失，这是断层走向与地层走向大致平行的正断层或逆断层常见的一种现象，在断层倾向与地层倾向相反，或二者倾向相同但断层倾角小于地层倾角的情况下，地层重复表明为正断层，地层缺失则为逆断层。

c. 牵引构造，断层运动时断层近旁岩层受到拖曳造成的局部弧形弯曲，其凸出的方向大体指示了所在盘的相对运动方向。

d. 断层两盘岩石碎块构成的断层角砾岩、断层运动碾磨成粉末状断层泥等的出现表明该处存在断层。

e. 断层擦痕。就是断层两侧岩块相互滑动和摩擦时留下的痕迹，由一系列彼此平行而且较为均匀的细密线条组成，或为一系列相间排列的擦脊与擦槽构成。在坚脆岩石的断层擦痕的表面，往往平滑明亮，发光如镜。并常覆以碳质、硅质、铁质或碳酸盐质的薄膜。有时，也在断层的擦面上见到不规则的阶梯状断口，其上覆以纤维状的矿物（如方解石之类）晶体。断层擦痕对于决定两盘位移方向颇有用处，如用手抚摸时，感到光滑的方向乃是对盘活动位移的方向。或自粗而细，自深而浅的方向乃示对盘活动位移的方向。或者利用阶梯状断口，阶梯形陡坡之倾向指示对盘相对滑动的方向。如图 10-16 所示。

f. 构造岩。当断层两壁相对移动之时，岩石发生破碎，在强大的压力下，矿物出现定向排列，并有重结晶作用。构造岩的种类很多，如构造角砾岩（角砾形状不规则，大小不一）、碎裂岩（破碎的程度比前者更高，主要是原岩中的矿物颗粒的破碎，常见于逆断层或平移断层的断裂带中，图 10-17）、糜棱岩（破碎极细，用显微镜观察）。更进一步的破碎即片理化岩（具有片状构造的构造岩）。此外，还有牵引构造：是断层带中的一种伴生构造，它是由于断层两壁发生位

图 10-16　擦痕和阶步

图 10-17　断层碎裂岩

移时使地层造成弧形的弯曲现象,可以指示断层的位移方向,如挠曲。

g. 断层角砾岩。指在应力作用(断层作用)下,断层的两个端盘移动时,上、下两盘之间的岩石不断的被糅合,原岩破碎成角砾状,其砾石空隙间被水冲刷干净后被破碎细屑充填胶结或有部分外来物质胶结的岩石。角砾为碎基和次生充填物所包围共同组成角砾结构。随着两盘相对错动作用的加大,断层角砾的棱角磨损程度也随之加强,使角砾呈扁豆状或透镜状,并常呈叠瓦状排列,据此可判断两盘相对运动方向。

h. 断层泥。断层泥的主要成分为黏土矿物,其次为原岩的碎粉和碎砾,是断层剪切滑动、碎裂、碾磨和黏土矿化作用的产物。断层泥中的黏土矿物是层状硅酸盐(高岭石、伊利石、绿泥石、蒙脱石等)和层链状硅酸盐类(海泡石等)。片状黏土矿物一般具定向排列,并平行或与断面斜交或环绕碎砾。常见与断层面斜交的面理,其锐夹角指示断层泥形成时沿断层面剪切滑动的指向。由于断层活动的多期性和复杂性,断层泥条带可以发生破碎、混杂、面理弯曲、揉皱等变化。

(3)李泽冈环。岩石在风化带形成的一种次生构造,由于某些胶体(常为氢氧化铁)在岩石中发生周期性沉淀而成,它形成一系列同心圆状的环,如图 10 - 18 所示。

图 10 - 18　李泽冈环

(4)观察铅笔构造。铅笔构造是轻微变质的泥质或粉砂质岩石中发育的使岩石劈成铅笔状长条的一种线状构造。一般形成铅笔构造主要方式有:

①由劈理与层面,或两组劈理面相交而成,其特点是常具有规则的断面形状,是交面线理的一种表现形式。

②成岩压实与顺层挤压变形共同作用的结果,是长椭球形的应变状态,所形成的铅笔构造其内部缺少面状构造要素,横断面常是不规则的多边形或弧形。

本线路上可以看到大量的铅笔构造现象,如图 10 - 19 所示,实习时观测识别铅笔构造特征,描述铅笔构造的岩性、规模,讨论形成铅笔构造的条件,探讨铅笔构造对斜坡稳定性的影响。

(5)岩脉。岩脉是一种形态不规则的枝状小岩体,常是大岩体的小分支。实习区出露多条岩脉,如图 10 - 20 所示。实习时应开展以下工作:

①在地形图上确定岩脉的位置。

②观测识别岩脉的岩性特征,测量两侧岩层及岩脉产状。

③描述岩脉的岩性、规模,按比例画出素描图,并标明比例、方向及图名。

④观察岩脉的球形风化特征。

⑤理解岩浆侵入作用、侵入体与围岩、接触边界等概念。

(a)崩塌前的形态

(b)崩塌后的形态

图 10－19　铅笔构造

(a)辉绿岩岩脉侵入体

(b)岩脉球形风化

图 10－20　岩脉侵入体

(6)观察雁列构造。雁列节理是一组成雁行式斜列的节理，如若雁列节理被岩脉或矿脉所充填，则称为雁列脉。顺着雁列轴向前方观察，前面一雁列脉排在后面雁列脉的右侧，称为右列式；反之称为左列式。如图 10－21 所示，实习时应开展以下工作：

①确定雁列脉的要素：雁列带、雁列轴、雁列角、雁列宽度。

②判定雁列脉在平面上的形式。

图 10-21　雁列脉

③观察雁列脉的形态。

(7)观察煤线。实习区内翠屏山组段为一套陆相冲积和湖泊相沉积碎屑岩,岩性以粗砂岩和细砂岩为主夹泥岩及粉砂岩,其下部和上部分别夹少量薄层煤,因此,在实习线路的剖面上可以观察到煤线出露。如图 10-22 所示。实习时应开展以下工作:

①在地形图上确定煤线的位置。

②测量煤线产状。

③分析煤系地层的形成环境条件。

(8)不整合接触观察点。本线路上可以观察到第四系松散堆积物直接覆盖于三叠系溪口

图 10-22　砂岩与煤线互层

组泥质粉砂岩之上，形成了角度不整合和年代不整合，如图 10－23 所示，实习时应开展以下工作：

①在地形图上确定不整合接触的位置。

②测量下部岩层产状，按比例画出素描图，并标明比例、方向及图名。

③分析不整合接触形成原因。

图 10－23　不整合接触

(9)剪节理特征。一般岩体中的剪节理有以下特征：

①产状稳定，延伸较远。

②节理面平直光滑，面上有擦痕。

③节理缝细，无充填。

④切穿砾石和胶结物。

⑤平行剪切面。

⑥常组成“X”共轭节理，两组节理旋向相反，锐夹角平分线是最大挤压力的方向。

⑦常形成斜列的羽状节理，可判断两盘移动方向。沿线的岩体中存在大量的剪节理，如图 10－24 所示。

笔者对本路线某点的楔形体进行了长达 10 年的观测，如图 10－25 所示，该楔形体从坡脚地带逐渐向上延伸破坏到坡顶，实习时应开展以下工作：

①在地形图上确定楔形体的位置。

②测量楔形体与两侧岩层产状，按比例画出素描图，并标明比例、方向及图名。

③绘制赤平投影图，分析其稳定性。

④讨论楔形体的危害。

(10)九龙溪阶地。如图 10－26 所示，九龙溪在水电站下游呈现一个“U”字形流动，河流左岸为较平坦开阔的一级阶地，并且在残丘斜坡上还观察到九龙溪二级阶地，实习时应开展以下工作：

①观察九龙溪，认识河床、河漫滩、阶地等河谷地貌特征。

图 10-24　剪节理

(a)拍摄于2005年9月

(b)拍摄于2007年9月

(c)拍摄于2009年9月

(d)拍摄于2011年9月

(e)拍摄于2016年9月

(f)拍摄于2016年9月(原楔形右边50m新楔形体)

图 10-25　楔形体崩塌长期观测

②认识横向环流现象(凹岸侵蚀、凸岸沉积)。

③绘制九龙溪阶地横剖面图。

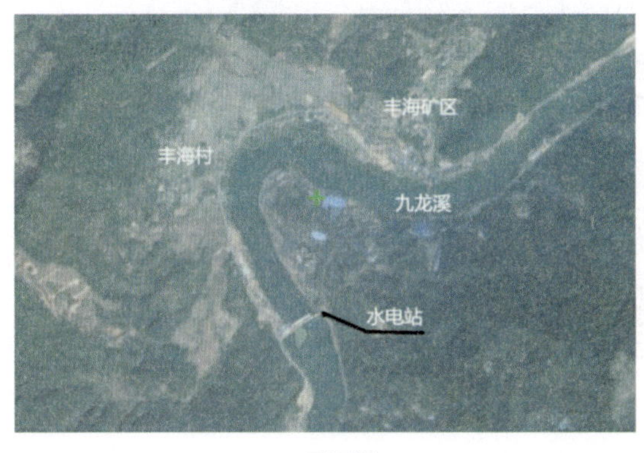

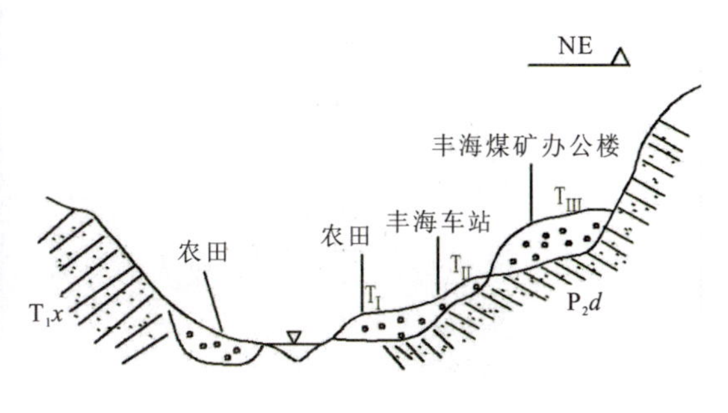

(a)平面图　　　　(b)剖面图

图 10-26　九龙溪阶地

九龙溪各地貌形态特征明显受新构造运动影响控制。

①河谷的平面形态,呈曲折蜿绕于群山中,被山体紧紧挟持着,为典型的深切曲流,河面时宽时窄交替变化,窄处河面宽仅 30～50m,宽处河面宽达 200m,平面上呈一串珠状。

②河谷的横剖面形状,多为狭窄的"V"字形峡谷、障谷,也间有较宽的"V"字形谷,但谷坡都较为陡峻,多为断崖绝壁为曲型的深切河谷。

③河谷的纵剖面起伏变化明显,纵比值较大,从安砂至鸭母潭间不到 30km,河面绝对高差达 30～40m,安砂、加福、鸭母潭河段河床基岩裸露,流水湍急,河面狭窄,而在水东、热水、丰海、澳口等段,河面宽广,发育有漫滩、边滩、心滩、心洲等流水地貌,河水流速缓慢,一般为 0.4～0.5m/s。

④沿河阶地,漫滩及心滩(心洲)不发育,即使是有,也是残缺不全,延伸极为局限,保存极不完整。

⑤沿河各地段,不连续发育有Ⅰ—Ⅲ级阶地,这些阶地都属于基座阶地,且见有阶面反向倾斜,如吉祥坑西北方公路剖面的基座阶地面向河一侧,高于向山一侧,这显然是新构造的掀抬上升活动造成的反常现象。

(11)丰海水电站观察点。如图 10-27 所示,丰海水电站位于永安市曹远镇丰海村,距上游安砂水电站约 16km,距下游鸭姆潭电站 14km。于 2002 年动工兴建,2008 年 5 月竣工验收,该电站是典型的河床式水电站,以发电为主兼有其他综合效益,流域面积 5518km^2,该河段的河床多是河谷型盆地和河曲型河谷相间,河宽宽窄相间,水深深浅不一,很多河段岩盘连片。实习时应开展以下工作:

①在地形图上确定水电站的位置及范围。

②观察坝址区两侧坝肩岩体性质、地质构造、地形地貌等。

③观察坝肩高边坡的防护措施,从坝肩岩体的性质、产状、节理发育程度、风化作用等方面分析坝肩岩体的稳定性。

(a)水电站全景图

(b)丰海水电站右侧坝肩(福建华东岩土工程有限公司陈立强提供)

(c)尾水挡墙开挖边坡(福建华东岩土工程有限公司陈立强提供)

图 10-27　丰海水电站及坝基开挖照片

第四节　观测路线Ⅳ:加福村至安砂水库

1. 路线

本路线上地质露头较连续。可沿线对比碎屑沉积岩和化学沉积岩岩石特征,沿线观察各种边坡支护工程措施。

2. 任务

(1)在地形图上确定观察点的位置及范围。

(2)对比碎屑沉积岩和化学沉积岩岩石特征,沿途观察并学会肉眼鉴定岩石类别。

(3)掌握在野外区分层理与节理的方法,测量岩层与节理产状。

(4)根据沉积岩层面构造特征,判断上、下层关系,确定地层层序。

(5)观察褶皱构造。

(6)观察锚喷支护和 SNS 边坡防护网。

(7)参观安砂水电站。

3. 重点教学内容

(1)本路线沿线岩性以砂岩、粉砂岩为主,部分地段出露灰岩和煤层,如图 10-28 所示,实习时应着重观察地层层序、岩性、物质成分、结构构造、沉积特征、沉积旋回、岩相建造、厚度变化、标志层及其纵横方向变化规律,并确定各地层时代。特别是沉积岩的主要特征是层理构造,它是由沉积物的成分、颜色、结构等在垂直沉积物层面的方向上不同所形成的一种层状构造。实习时应开展以下工作:

①在地形图上确定观察点的位置及范围。

②对比碎屑沉积岩和化学沉积岩岩石特征,沿途观察并肉眼鉴定岩石类别。

③掌握在野外鉴别层理与节理要点,测量岩层和节理产状。

④根据沉积岩层面构造特征,确定地层层序。

⑤调查砂岩夹薄层状泥质粉砂岩或泥岩,了解泥岩等软弱夹层的危害性。

(2)根据劈理与岩层关系判断岩层沉积层序。根据层间滑动规律,如果劈理倾向与岩层倾向相反或两者倾向相同,但劈理倾角大于岩层倾角,则岩层层序是正常的,如果两者倾向一致而劈理倾角小于岩层倾角,则岩层层序是倒转的,如图 10-29 所示,通过上述方法,可以判断出本地段的岩层倒转。

(3)采用图解法分析边坡稳定性。对于岩质边坡的稳定性分析目前仍没有一套比较完善统一的体系,我国相关规范中建议使用赤平投影的方法进行定性分析。采用赤平投影的图解法与力学计算法相比较,一个是定性分析,一个是定量分析,采用图解法进行边坡稳定性初步设计时是可以满足要求的,通过对斜坡岩体结构面的大量调查统计,掌握了优势软弱结构面的产状特征,据以分析他们对斜坡稳定性的影响。

如图 10-30 所示,本线路沿线存在许多顺坡向岩层或是由于构造面切割形成危险楔形体影响坡体稳定性,容易产生岩体崩塌地质灾害。实习时应鉴别地层岩性,判别岩层层面和节理面。测量岩层和节理产状。绘制赤平投影图,分析边坡稳定性。

(a)砂岩

(b)砂岩中夹薄层状泥质粉砂岩

(c)砂岩与煤层互层

(d)碎屑灰岩夹硅质岩、泥质灰岩

图 10－28 沿线主要地层岩性

(4)风化作用。风化作用是指地表或接近地表的坚硬岩石、矿物与大气、水及生物接触过程中产生物理、化学变化而在原地形成松散堆积物的全过程。风化壳是指由风化产物组成的分布于陆地表面、厚度不均匀的不连续薄壳。在不同气候区,由于控制风化作用的因素不同,可形成不同类型的风化壳,如在高寒地区为岩屑型风化壳(以物理风化作用为主),温带湿润区为硅铝-黏土型风化壳(物理、化学、生物风化共同作用的结果),湿热气候区为砖红土型风化壳(以化学、生物风化作用为主)等。

风化壳剖面从上到下具有分层现象。一般可以分为土壤层、残积层、全风化-中风化层、未风化的新鲜基岩,而层与层之间的界线不明显,呈渐变过渡关系,而且界线起伏不平,是人为划分的,如图 10－31 所示。

①土壤层:位于风化壳顶部,颜色为灰黑色、土黄色、褐黄色,成分为黏土、亚砂土,含大量的植物根系,厚 10～100cm。该层是物理风化、化学风化和生物风化共同作用的结果。

②残积层:母岩受到强烈的风化作用,呈黄褐色、红褐色,结构、构造均已消失,矿物已风化成黏土、亚黏土,含少量的石英,结构疏松。基岩中的长石已风化成高岭石,黑云母风化成硅石。

③全风化-中风化层:褐黄色,基本保留了母岩的结构、构造特点,但较松散,敲击时易碎,部分风化,所以在物质组成上与母岩稍有不同。

(a)层序正常，背斜在右　(b)层序正常，背斜在左　(c)层序倒转，背斜在左

图 10－29　通过劈理判断地层倒转

④未风化的新鲜基岩。

(5)边坡支护方式。本线路边坡支护形式有锚杆框架网格梁支护，锚喷支护和 SNS 防护网等支护措施。

锚杆框架网格梁结构是岩土体中的锚杆与混凝土框架梁组合成的一种支护形式，锚杆布置在混凝土框架梁节点上组合成框架结构，起到整体加固效果。锚杆的长度一般根据岩土体的结构、性质以及可能滑动深度确定，锚杆角度可根据边坡坡度和施工方便进行选择，如图 10－32(a)所示。

锚喷支护是由锚杆和喷射混凝土面板组成的支护。锚杆和喷射混凝土与围岩共同形成一个承载结构，可有效地限制岩体变形的自由发展，调整岩体的应力分布，防止岩体松散坠落，如图 10－32(b)所示。

SNS 防护网柔性防护技术是以金属柔性网(钢丝绳网、格栅、环形网)为主要特征构件，以覆盖和拦截两种基本形式来防护崩塌落石、风化剥落、泥石流等坡面地质灾害的柔性安全防护网技术和产品。防护网按其结构形式、防护功能和作用方式的不同分为主动网及被动网，如图 10－32(c)所示。

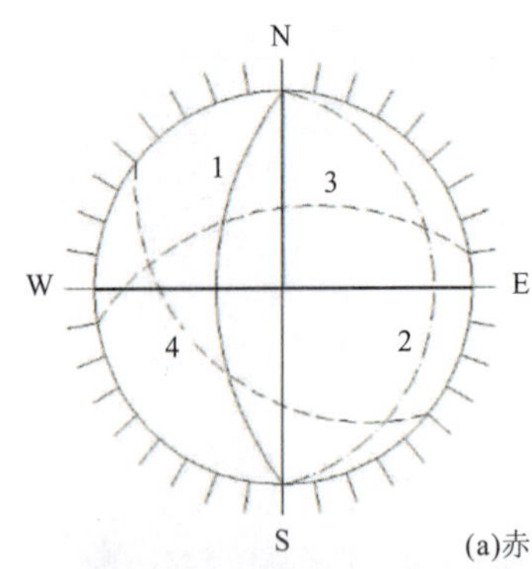

(a)赤平投影图

(b)现场实拍楔形体

图 10-30　优势结构面控制边坡稳定性

图 10-31　风化壳剖面

(a)锚杆框架网格梁支护

(b)锚喷支护

(c)SNS防护网

图 10-32　边坡支护形式

(6)褶皱构造。如图 10－33 所示，本线路上褶曲形态千姿百变，复杂多样，通过研究褶皱的形态、产状、分布和组合特点及其形成方式和时代，对于揭示一个地区地质构造的形成规律和发展史具有重要意义，褶皱构造还不同程度地影响水文地质和工程地质条件，所以在实习过程中要重视对褶皱构造的调查。对比褶皱核部和两翼岩层的新老关系，若核部地层时代较老，两侧依次出现新的地层，为背斜；反之，若核部地层时代较新，两侧依次出现老的地层，则为向斜。根据两翼岩层的产状，判断褶皱是直立的、倾斜的、还是倒转的等。根据褶皱枢纽是否倾伏，确定褶皱是水平褶皱或倾伏褶皱。这时需沿同一地质年代岩层的走向进行追索，如果走向呈弧形合围，表明褶皱枢纽倾伏。根据弧形尖端的指向或弧形开口方向的指向即可确定枢纽的倾伏方向。如果褶皱的两翼岩层走向平行，表示褶皱枢纽呈水平状态。

(a)一系列褶皱　　(b)平卧尖棱褶皱

(c)斜歪褶皱　　(d)层间褶皱

图 10－33　沿线各类褶皱形态

(7)次生褶曲构造。

①背斜山和向斜谷。

此类褶皱是在水平挤压或垂直力作用下形成的，背斜山和向斜谷的形态特征主要为狭长的山体和谷地，如图 10－34 所示，通常称之为正地貌。

②向斜山和背斜谷。

通常称为地形倒置或逆地貌，在形态向斜核部凸起，背斜核部凹下，在褶皱构造运动中形

图 10－34　背斜山和向斜谷

成的背斜山，背斜顶部由于受张力作用裂隙发育，或出露了软弱岩层，经长期侵蚀逐渐变低而成为谷地；相反地，向斜的底部岩石相对较硬，抗蚀力强，最后会高于背斜的轴部而成为向斜山。地形倒置是软硬地层相同的褶皱构造地区常见的构造地貌现象，如图 10－35 所示。

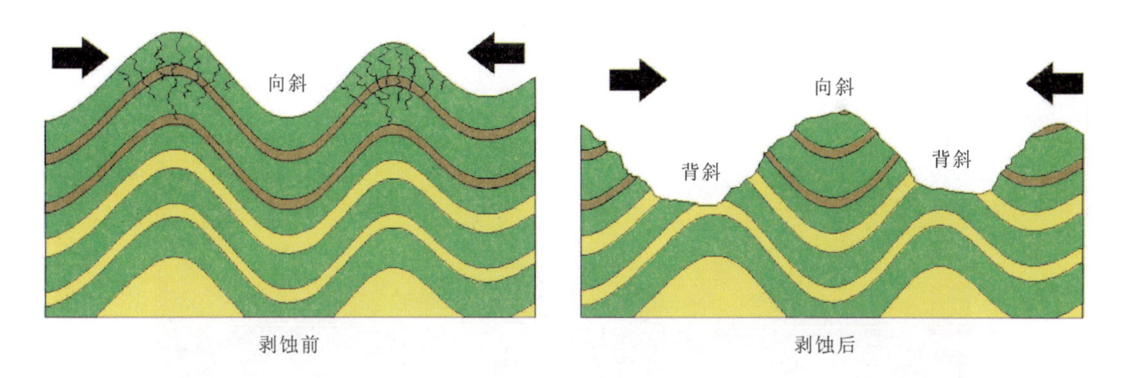

图 10－35　地形倒置

(8)变质岩。在安砂水库两岸地段可以观察到紫色、青灰色、灰绿色中薄层千枚状细砂岩为主夹厚层灰白色石英砂岩、石英砾岩，局部见有绢云母千枚岩、页岩等，岩性变化大，与上覆地层呈整合接触，千枚状细砂岩经变质作用而成，具有薄板状，含有大量的绢云母片，成分以石英、绢云母为主，片理发育，沿片理易于剥落，呈丝绢光泽，如图 10－36 所示。实习时观察变质岩的构造特征，如板状构造、片状构造、片理状构造等，观察矿物的定向排列。观察变质矿物，如绢云母、绿泥石、蛇纹石、绿纤石等。观察接触变质岩的分布。

(9)安砂水电站。福建安砂水电站位于永安市安砂镇九龙溪上，距永安市区 44km。坝址位于永安市安砂镇上游约 1km 的九龙峡谷，距永安市区 44km。水电站以发电为主，兼有防洪、灌溉、养殖和改善航运等功能，如图10－37所示。九龙湖因溪流九龙十八滩而得名，是建造安砂水电站形成的人工湖。面积33km^2，蓄水6.4亿m^3；湖区东起安砂，西至清流嵩口坪，长达百里。湖上船只畅通，两岸林木森森。每当春夏季节，九龙湖大坝溢流，茫茫湖水从92m高处倾注而下，形成瀑布。其声似万马奔腾，数里外可闻，300m内被浪花溅起的水雾迷漫，分外壮观。实习时应开展以下工作：

图10－36　千枚岩

①观察坝址处岩体的性质、地质构造、地形地貌等，评价安砂水电站坝址的水利工程地质条件；掌握库址的选择依据。

首先应尽量选择地形上最有利的库址，库容要大，坝址区的工程量要小。选择地形上有利的库址和坝址，节省工程造价。坝址以上要有较大的集水面积水量，使水库能够拦蓄所需要的水量。坝址区要有良好的工程地质条件，坝基和两岸山坡要有完整的岩石或透水性较小的坚实地层，以免漏水，影响坝体安全。坝址附近要有适合建溢洪道的地形、地质条件，且便于施工。库区淹没和浸没要小，尽量避免在乡村较多、耕地好或有交通干线和有重要工矿企业的地方建库。坝址附近要有数量较多、质量较好的建坝材料，且运输方便。

图10－37　安砂水电站大坝

②观察坝肩高边坡的防护措施，从坝肩岩体的性质、产状、节理发育程度、风化作用等方面分析坝肩岩体的稳定性。了解分析安砂水电站水利工程存在的水利工程地质问题。

水利工程地质问题是指水利工程与地质条件之间的矛盾，即建筑场地的工程地质条件不能满足水工建筑的稳定、经济和使用等方面的要求，而存在的地质缺陷和问题。水利工程建设中常遇到的有三大地质问题：稳定问题(包括坝基、坝肩、库岸、渠道边坡、隧洞围岩及进出口边坡稳定)、渗漏问题(包括坝区、库区、渠道渗漏)和水利环境地质问题。工程地质工作的中心任务，就是分析解决建筑场地的工程地质问题。

③探讨和分析水库淤积问题和水库诱发地震问题。

第五节　观测路线Ⅴ：丰海矿区大门至泥坑坪

1. 路线

本条路线从丰海矿区门口出发，沿城安线到鸬鹚坪，公路与岩层的走向基本一致，局部地段有些与公路垂直的冲沟，露头良好，因此，本路线主要采用追索法，并局部采用穿越法，本线路最典型的地质构造现象为劈理构造。

2. 任务

(1)观察岩性特征及沉积旋回。

(2)观察劈理地质构造特征。

(3)观察岩脉球形风化特征。

(4)观察不整合接触。

(5)观察岩体崩塌现象。

3. 重点教学内容

(1)本路线沿线岩性以砂岩、粉砂岩为主，如图 10－38 所示，沿途可以明显观察出本区出现小旋回，总的是下部粗往上变细，实习时应开展以下工作：

①沿途观察沉积岩，并肉眼鉴定各种岩石类别。

②掌握在野外鉴别层理与节理要点，测量岩层和节理产状。

(2)观察岩脉的球形风化特征。在丰海加油站东侧约 50m 处发现一个规模较大的岩脉侵入体，具有非常典型的球形风化。一般在裂隙发育的岩浆岩地区，几组不同方向的裂隙将岩石切割成大小不等的岩块，由于岩块的棱角部分与外界接触面最大，最易遭受风化破坏，因此，长期作用后的棱角逐渐被圆化，这种由于风化作用的影响，使岩石表面趋于圆化(球状)的现象被称为球形风化。

产生球形风化的条件有：岩石单层往往具有比较大的厚度，岩石内部岩性较均一，常发育不同方向的节理，由于节理的发育，地表或地下水易从裂隙渗入，并从岩石周围向中心扩散，因而对岩石造成风化作用，如图 10－39 和图 10－40 所示。实习时应开展以下工作：

①观测识别岩脉的岩性特征，测量两侧岩层及岩脉产状。

②描述岩脉的岩性、规模，按比例画出素描图，并标明比例、方向及图名。

③观察岩脉的球形风化特征。

图 10－38 典型地质剖面

图 10－39 岩脉及其球形风化

④理解岩浆侵入作用、侵入体与围岩、接触边界等概念。

(3)劈理。本路线上在砂岩和粉砂岩中的劈理十分发育，野外工作中应详细观察劈理，测量产状并标注于地质图上，采集定向标本等。工作内容涵盖以下几个方面。

①区分劈理与层理。

正确区分劈理和层理是变质岩区(尤其是浅变质岩区)地质调查的首要问题。在变质岩

图 10－40　砂岩的球形风化

区,发育的劈理常常把层理掩盖起来,导致地质工作者容易把劈理误认为层理,将复杂的劈理构造当简单的单斜岩层,其结果可能导致地层层序、岩相、厚度等诸方面得出错误的结论。

区分层理和劈理,要洞察所观测到的平行面状构造是否存在原生沉积标志(如交错层、波痕等),特别要注意对特殊岩性和结构构造的标志层的寻找,通过较大范围的追索,区分层理和劈理之间的几何关系和空间展布规律。

②测定劈理参数和描述劈理结构特征。

精细地观察劈理的结构和几何形态,鉴别劈理域和微劈石的岩石化学、矿物成分及其相互关系,以确定劈理的类型。在测定劈理参数和描述劈理的结构特征时,通常需要做以下的工作。

a. 劈理间隔。

劈理间隔指在垂直劈理的横截面上或垂直劈理面的定向标本上所观察和测定的劈理域之间的距离(即微劈石厚度)。劈理间隔分为四级:大间隔,＞10mm;小间隔,1～10mm;微间隔,0.1～1mm;连续,＜0.1mm。

b. 劈理域形态。

区分劈理域是空间排列的变质矿物还是微裂隙带;注意观察劈理是交织的还是平行延伸的;以及裂面的光滑程度和晶带的连续性。这对确定劈理类型相当重要。

c. 微劈石结构。

区分是否有先存的平行面状构造,观察微劈石的矿物组成、定向性以及膝折、挠曲、揉皱等结构。

③观察和测量劈理与层理的产状关系。

建立劈理与层理的空间几何关系,可以帮助确定地层序列(正常—倒转与否)和构造(褶皱)部位。

④劈理折射。

劈理折射是指当劈理切过不同岩性的岩层时，劈理面方位发生改变的现象。在强硬层中劈理与层理的交角较大；在弱层岩层中两者交角较小。这种现象反映了不同岩性的岩层中应变状态的变化，如图10-41所示。

(a)"S"形劈理折射

(b)褶劈理　　(c)劈理折射

图10-41　劈理

(4)逆冲推覆构造。由若干条产状基本一致的逆冲断层组成，各条断层的上盘依次沿同一方向向上逆冲，平面上构成叠瓦状，本线路上发现双重逆冲构造，由顶板逆冲断层与底板逆冲断层及夹于其中的一套叠瓦式逆冲断层和断夹块组合而成。双重逆冲构造中的次级叠瓦式断层向上相互趋近并且相互连接，共同构成顶逆冲断层；各次级逆冲断层向下相互连接，构成各次级逆冲断层向下相互连接，构成底板逆冲断层。各次级逆冲断层围限的断块叫断夹片。双重逆冲构造中的顶板逆冲断层和底板逆冲断层在前锋与后缘会合，构成一个封闭的断块。如图10-42所示。

(5)正断层。在线路上可以观察到好几条正断层，如图10-43所示，实习时应开展以下工作：

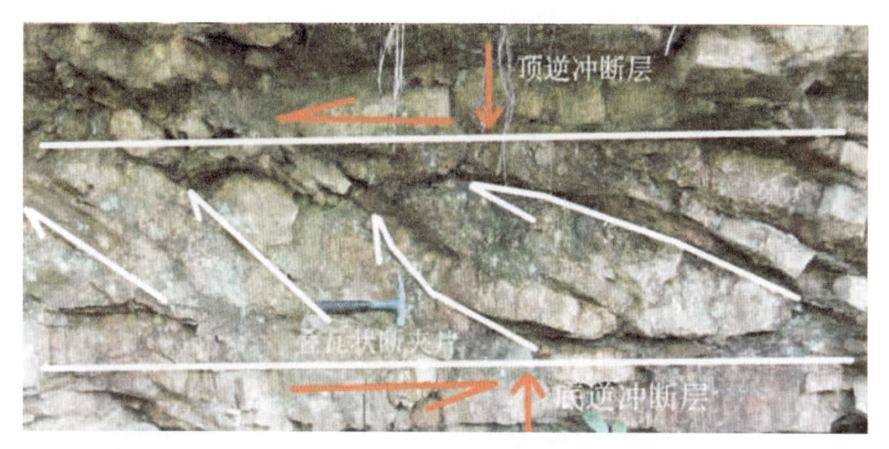

图 10－42　逆冲推覆构造

(a)正断层

(b)断层带内岩石的碎裂岩化现象

(c)断层带上的泥化现象

图 10－43　断层及断层带观察

①观察、搜集断层存在的标志(证据)，如在岩层露头上有断层的迹象，要观察、搜集断层存在的证据，如断层破碎带、断层角砾岩、断层滑动面、牵引褶曲、断层地形(断层崖、断层三角面)等。

②测量断层两盘岩层的产状、断层面的产状、两盘的断距等，确定断层的产状。

③确定断层两盘运动方向，根据擦痕、阶步、牵引褶曲、地层的重复和缺失现象确定两盘的运动方向，上盘、下盘；上升盘、下降盘等。

④确定断层的类型，根据断层两盘的运动方向、断层面的产状要素、断层面产状和岩层产状的关系确定出断层的类型，其是正断层、逆断层；走向断层、倾向断层；直立断层、倾斜断层等。

⑤破碎带的详细描述，对断裂破碎带的宽度、断层角砾岩、填充物质等情况要详细加以描述。

⑥素描、照相和采集标本。

(6)顺层断层。顺层断层是指断层面平行于岩层层理的断层，它的特点是没有地层被错开的断层效应，因而野外难以鉴别，需根据多种标志才能判断其存在及其具体位移方向。本次观察点的标志为辉绿岩脉被错动，如图 10－44 所示。

图 10－44　顺层断层

(7)走滑断层。走滑断层又称平移断层，断层作用的应力是来自两旁的剪切力作用，其两盘顺断层面走向相对移动，而无上下垂直移动。由于断层面是在水平方向移动的，所以在野外的观察上经常没有明显的断崖，只会在地面上看到一条断层直线。在本路线上的泥质粉砂岩上可见明显擦痕，根据阶步，判定为右行，如图 10－45 所示。

(a)擦痕

(b)阶步

图 10－45　走滑断层

(8)不整合接触。本线路上可以观察到第四系松散堆积物直接覆盖在泥质粉砂岩之上，形成了角度不整合和年代不整合，如图 10－46 所示，实习时应开展以下工作：

①测量下部岩层产状，按比例画出素描图，并标明比例、方向及图名。

②判断第四系松散堆积物的成因类型，分析不整合接触形成原因。

图 10－46　不整合接触

(9)沉积尖灭与构造尖灭。地层的尖灭指的是沉积层向着沉积盆地边缘，其厚度逐渐变薄直至没有沉积，如图10－47所示。构造尖灭是指构造运动引起的地层尖灭，如图 10－48 所示。

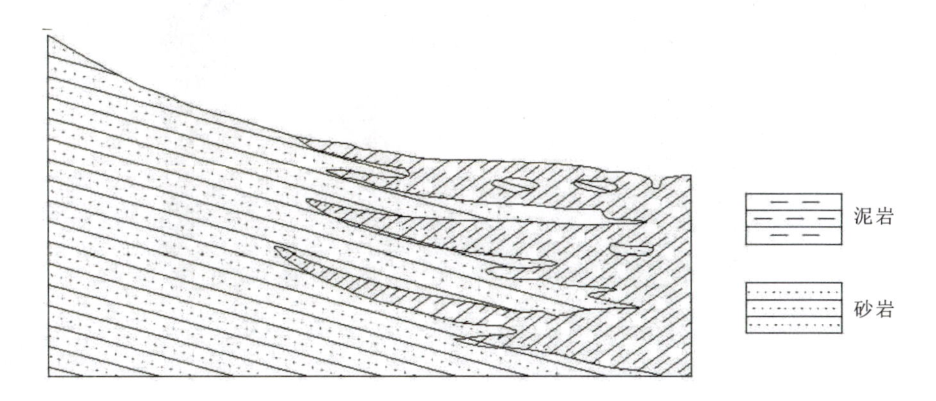

图 10－47　沉积尖灭

(10)崩塌。本路线岩层面倾向坡体内，为逆向坡，从常理上应该比较稳定，但实际边坡由于开挖较高，坡度较陡，边坡上岩体的节理发育，劈理面走向基本与边坡走向一致，劈理面倾角基本近 90°，如图 10－49(a)所示。因此边坡倾倒、崩落，在坡脚处形成堆积地貌——崩塌倒石锥。崩塌倒石锥结构松散、杂乱、无层理、多孔隙，如图 10－49(b)所示。

图 10－48　构造尖灭

(a)劈理面与边坡走向一致

(b)崩塌堆积体

图 10－49　崩塌

(11)土林。土林是一种独特的流水侵蚀地貌，在云南元谋盆地和西藏的阿里扎达盆地最为发育，此外，云南的江川、山西的榆社、四川的西昌、甘肃的天水和新疆的叶城等地也有分布。本线路上也有发现土林，但规模非常小，笔者定为 mini 土林，如图 10－50 所示。

(12)网纹红土。网纹红土是指带有白色如指状、管状、虫状或黄白色交织网纹的红色黏土。由于干湿气候的交替，红色黏土层长期受氧化还原交替作用的影响。还原部分黏土层中的铁质沿裂隙下移而使这部分黏土褪色成白色，部分黏土层中的铁质发生水化使这部分黏土

图 10 - 50　mini 土林

变成黄色，因而见白色及黄色网纹夹杂于红色黏土层中。网纹红土在中国长江以南地区广泛分布。其赤铁矿的含量较高，磁赤铁矿的含量较上覆均质红土或黄棕色土低，揭示了网纹红土形成于中国南方一个极端湿润期，长期剧烈的水分活动导致均质红土中磁赤铁矿的溶解和铁质的流失，如图 10 - 51 所示。

图 10 - 51　网纹红土

第六节　观测路线Ⅵ：福溪至鸬鹚坪

1. 路线

本条路线沿城安线从福溪往鸬鹚坪方向沿线观察，该线路地质露头比较连续，出露火山碎屑岩和化学沉积岩等岩层，具有典型的不整合接触。

2. 任务

（1）在地形图上确定观察点的位置及范围。

（2）认识火山碎屑岩、化学沉积岩，沿途观察并学会肉眼鉴定岩石类别。

（3）了解岩浆岩的简要分类（超基性岩、基性岩、中性岩、酸性岩；深成岩、浅成岩、喷出岩）。

3. 重点教学内容

（1）在福溪林场由一套火山碎屑岩组成。自下而上可明显分出4个喷发旋回，岩性上总体表现出从旋回下部到上部由火山角砾岩、集块岩到玻屑凝灰岩、晶屑凝灰岩的变化，如图10－52所示。

(a)火山集块岩

(b)玻屑凝灰岩

(c)晶屑凝灰岩

图10－52　火山碎屑岩

(2)擦痕。一般在火山岩中两侧地层岩性相同,基本找不出标志层,难以判断断层性质,但可以通过擦痕和阶步判断岩体的运动方向,如图 10－53 所示,野外应用罗盘测量断层面及两侧岩层产状。按比例画出断层素描图,并标明比例、方向及图名。

图 10－53　擦痕

(3)不整合接触。本线路上可以观察到侏罗系南园组晶屑凝灰岩覆盖于三叠系溪口组泥质粉砂岩之上,形成了角度不整合和年代不整合,如图 10－54 所示,实习时应测量岩层产状,按比例画出素描图,分析不整合接触形成的原因。

图 10－54　不整合接触

(4)溪口组生物化石。三叠系下统溪口组(T_1x)主要分布于沙溪、溪口村一带,为一套浅海相含钙质粉砂岩沉积,岩性以青灰色中厚层—中薄层状钙质粉砂岩或灰色、黑色之条带状硅质或硅质粉砂岩为特征,产丰富海相双壳类等化石,如克氏蛤,正海扇等,如图 10-55 所示,厚度大于 353m。

图 10-55 溪口组生物化石

(5)波痕。在本线路上可以观察到泥灰岩,泥灰岩为化学沉积岩,泥灰岩中发育良好的波痕(层面构造),波痕的波峰连续性较好,对称性较明显,总体来说波峰形态较尖锐,波谷较平缓,其成因与摆动水体有关,如图 10-56 所示。

图 10-56 波痕

(6)滑抹晶体。滑抹晶体为在断层面或其他滑动面上由压溶作用产生的同构造生长的纤维状矿物结晶,乍看起来很像断层擦痕,其垂直断口酷似正阶步。滑抹晶体的成分随断盘岩性而定,如砂岩断面上为纤维状石英、灰岩断面上为纤维状方解石。由于受断层活动的控制,这种由压溶作用形成的同构造分泌物质平行于断层运动方向呈纤维状生长。在断面暴露的情况下,纤维状晶体会被拉断而成小阶梯状断口,顺下阶梯方向即指示对盘相对运动的方向。沿断层面的纤维脉能提供位移矢量方向和在整个断层活动历史中运动矢量变化的有用信息。由于它们常沿断面形成不厚的薄膜,中国学者早年将其称为"动力薄膜",如图 10－57 所示。

图 10－57　滑抹晶体

(7)异化粒灰岩。异化粒灰岩又称粒屑灰岩,是一种以异化粒为主要组分的石灰岩。按异化粒的种类不同,可分为内碎屑灰岩、骨粒灰岩、球粒灰岩、团块灰岩、鲕粒灰岩等。按异化粒之间的填隙物成分又可分为亮晶异化粒灰岩和泥晶异化粒灰岩。按内碎屑大小分为砾屑灰岩、砂屑灰岩、粉屑灰岩、泥屑灰岩等。它是水盆地中已固结的或弱固结的碳酸盐沉积物,遭受波浪、水流冲刷、破碎、磨蚀后再次沉积而成的具有碎屑结构的石灰岩,如图 10－58 所示。

(8)路堑边坡。路堑指从原地面向下开挖而成的路基形式,其主要作用为缓和道路纵坡或越岭线,穿越岭口控制标高。形成了高开挖的边坡,按边坡揭露的岩土体条件分为土质边坡、岩质边坡、土岩混合边坡,路堑开挖后破坏了原地层的天然平衡状态,其稳定性主要取决于地质与水文条件,以及边坡高度和坡度,特别是岩体结构面产状,如按层面产状与开挖面的关系可以分为顺向坡,逆向坡,平迭坡,横交坡等类型,同时不同的节理组合形成具有优势结构面的楔形体,影响边坡的整体稳定性,如图 10－59 所示。应测量岩层产状、结构面产状,按比例画出素描图,并标明比例、方向及图名。绘制结构面的赤平投影图,并分析优势结构面对边坡的影响。

图 10－58　粒屑灰岩

图 10－59　路堑边坡

(9)尖棱褶皱。褶皱转折端的形态有圆弧状、尖棱状、箱状和膝状等，据此分别将褶皱描述为圆弧褶皱、尖棱褶皱、箱状褶皱、扇状褶皱和挠曲等。在泥质粉砂岩中可以观察到尖棱褶皱，如图 10－60 所示。实习时应测量褶皱两侧岩层产状，按比例画出素描图。

图 10-60　尖棱褶皱

第七节　观测路线Ⅶ：福溪至富溪源

1. 路线

本线路上可观察到河床相—湖泊相沉积类型的杂色—灰黑色凝灰质的砂砾岩、砂岩和泥岩等，以及下部南园组的英安质—流纹质火山熔岩和火山碎屑岩。在福建南园地区出露最完整，所以命名为南园组。沿线仔细观察火山角砾岩、集块岩到玻屑凝灰岩、晶屑凝灰熔岩或熔结凝灰岩的变化，如图10-61所示。

图 10-61　凝灰岩中的岩屑

2. 任务

(1)在地形图上确定观察点的位置及范围。

(2)沿途观察火山碎屑沉积岩特征，并学会肉眼鉴定岩石类别。

(3)观察火山碎屑岩的球形风化。

(4)观察凝灰质砂岩与泥岩互层，研究其对边坡的影响。

(5)学习在野外掌握岩体风化分级。

3. 重点教学内容

(1)本路线沿线岩性以凝灰质砂岩与泥岩互层，属于河床河漫—湖泊相沉积建造类型。如图 10-62 所示，实习时应着重观察研究地层层序、岩性、物质成分、结构构造、沉积特征、沉积旋回、岩相建造、厚度变化、标志层及其纵横方向变化规律，并确定各地层时代。实习时应开展以下工作：

①在地形图上确定观察点的位置及范围。

②了解凝灰质砂岩变化规律及形成原因。

③根据沉积岩层面构造特征，判断上、下层关系，确定地层层序。

④讨论沉积岩的沉积环境。

⑤测量岩层产状，按比例画出素描图，并标明比例、方向及图名。

图 10-62　凝灰质砂岩与泥岩互层

(2)牵引褶皱。断层两盘紧邻断层的岩层，常发生明显弧形弯曲，这种弯曲叫作牵引褶皱。一般认为这是两盘相对错动对岩层拖曳的结果，并且以褶皱的弧形弯曲的突出方向指示本盘的运动方向，如图 10-63 所示。实习时应观察和判别断层两侧岩性及岩性特征，分析可能产生牵引褶皱的成因类型。

(3)多米诺骨牌式的正断层。多米诺骨牌式的正断层是一组产状大致相近的正断层，各自的上盘依次下降，岩层产状接近于垂直状态，剖面上呈阶梯状的断层组合，如图 10-64 所示。

(4)凝灰熔岩。凝灰熔岩呈浅黄色，熔结凝灰结构，假流动构造，火山碎屑物为玻屑，已完全脱玻化，定向分布，粒径 0.5～2mm，含量约 40%，晶屑主要为长石，次为石英，粒径为 0.1～0.5mm，含量 10%，含少量岩屑，如图 10-65 所示，实习时观察和对照凝灰熔岩的岩性特征、岩体的球形风化特征。

(5)砾岩。砾岩是指粒径大于 2mm 的圆状和次圆状的砾石占岩石总量 30%以上的碎屑

图 10-63 牵引褶皱

图 10-64 多米诺骨牌式正断层

岩。砾岩中碎屑组分主要是岩屑，只有少量矿物碎屑，填隙物为砂、粉砂、黏土物质和化学沉淀物质，如图 10-66 所示。

(6)岩体风化。岩体风化指在水、大气、温度和生物等应力的作用下，地壳上部岩体的物质成分和结构发生变化，从而改变岩体力学性质的过程和现象。风化岩体的工程地质性能发生恶化，给建筑工程带来不良影响。

一般按风化程度进行以下划分。

图 10－65　凝灰熔岩球形风化

图 10－66　石英砂砾岩

①未风化：岩质新鲜，偶见风化痕迹。

②微风化：结构基本未变，仅节理面有渲染或略有变色，有少量风化裂隙。

③中（弱）风化：结构部分破坏，沿节理面有次生矿物，有风化裂隙发育，岩体被切割成岩块。用镐难挖，干钻不易钻进。

④强风化：结构大部分破坏，矿物成分显著变化，风化裂隙发育，岩体破碎，用镐可挖，干钻不易钻进。

⑤全风化：结构基本破坏，但尚可辨认，有残余结构强度，可用镐挖，干钻可钻进。

⑥残积土：组织结构全部破坏，已成土状，锹镐易开挖，干钻易钻进，具可塑。

在本线路上遇见多处挖方边坡，边坡岩体风化程度各不相同，如图 10－67 所示。

图 10-67 观察岩体风化

第八节 观测路线Ⅷ：埔头村至鸬鹚村

1. 路线

本条路线从埔头村至鸬鹚村方向沿九龙溪两侧河岸观察，该线路地质露头清晰，出露火山碎屑岩和沉积岩等岩层，具有典型的不整合接触。

2. 任务

(1)在地形图上确定观察点的位置及范围。

(2)认识火山碎屑岩、沉积岩，沿途观察并学会肉眼鉴定岩石类别。

(3)观察推覆体构造。

3. 重点教学内容

(1)在埔头村为侏罗系上统坂头组，岩性由杂色—灰黑色凝灰质的砂砾岩、砂岩和泥岩等组成，属于河床相—湖泊相的沉积类型，与下伏地层呈超覆不整合接触，如图 10-68 所示。

(2)不整合接触。坂头组的灰白色—浅灰色纸片状泥岩与粉砂岩互层假整合覆盖于南园组晶屑凝灰熔岩之上，南园组由一套英安质—流纹质火山熔岩和火山碎屑岩组成，如图10-69所示。

(3)阶地二元结构。阶地的形成主要是在地壳垂直升降运动的影响下，由河流的下切侵蚀作用形成的，是地球内外部动力地质作用共同作用的结果。有几级阶地，就有过几次运动；阶地位置，级别越高，形成时代越老。从图 10-70 中可以看出在边坡中部有一层下部为砂砾石，上部为粉砂、黏土，自下而上由粗到细，具二元结构。图 10-70 中第四系松散堆积物直接覆盖

图 10－68　黑色凝灰质砂岩

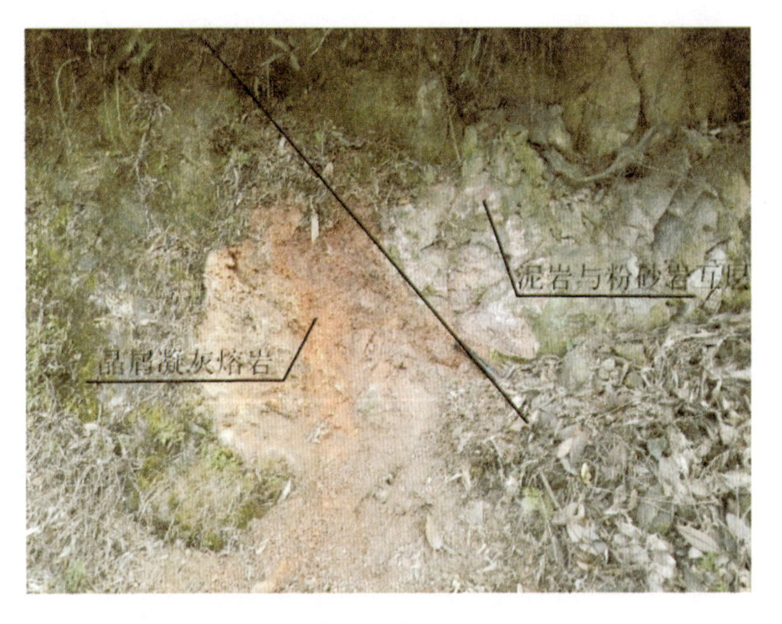

图 10－69　不整合接触

于二叠系翠屏山组粉砂岩之上，呈不整合接触。

(4)走滑断层。走滑断层亦称为扭转断层，平移断层作用的应力是来自两旁的剪切力作用，其两盘顺断层面走向相对移动，而无上下垂直移动。由于断层面是在水平方向移动的，岩石平行于走向相对平行地移动，如果当我们站在这种断裂的一侧，看另一侧的运动是从左向右，这种断层运动叫右旋走滑。同样地能确定左旋走滑断层。可以从野外的断层面上看出断层面呈现水平的擦痕，如图 10－71 所示。

(5)推覆构造。逆冲推覆构造是由逆冲断层及其上盘推覆体或逆冲岩席组合而成的构造。

图 10－70 阶地二元结构

图 10－71 走滑断层

逆冲推覆构造不仅广泛发育在造山带及其前陆，在地台盖层中也广泛发育。逆冲断层是位移量很大的低角度逆断层，倾角一般在 30°左右或更小，位移量一般在数千米(通常指 5km)以上。逆冲断层常常表现为强烈的挤压破碎现象，形成角砾岩、碎裂岩和超碎裂岩等断层岩，以及反应强烈的挤压的揉皱、劈理化、菱形断块的堆叠现象。上盘为由远距离推移而来的外来岩块，称推覆体。逆冲断层和推覆体共同构成逆冲推覆构造。推覆体构造，推覆体存在断坪和断坡，如图10－72所示，由于接触带经过强烈的挤压和单剪作用，所以可以明显见到岩层的消失和粗细变化的现象，实习时对推覆体构造进行素描，分析断平、断坡位置。

(6)层理识别。层理是沉积岩最常见的一种原生构造。它是通过岩石成分、结构和颜色变化显现出来的一种成层构造。层理的形成及其特征与组成岩石的成分，形成岩石的地质、地理环境以及介质运动特征有关。

观察地质构造时，首先就要正确地识别岩层的层理和层序。大多数沉积岩的层理都较为

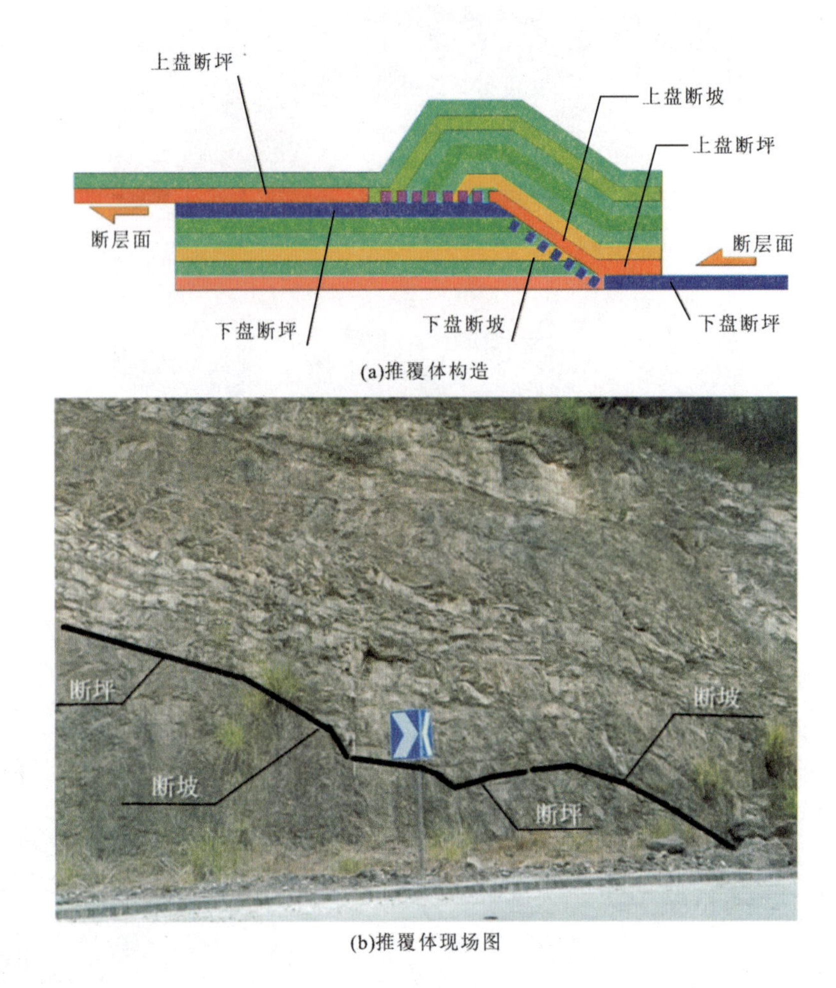

(a)推覆体构造

(b)推覆体现场图

图 10 - 72　推覆体构造

明显，容易认识。但是某些岩层，如巨厚层岩层或砾岩层，它们的层理常常很不清楚；有的岩层则由于节理、劈理强烈发育而掩蔽了层理或与层理混淆不清。特别是在某些变质岩地区，由于次生面理特别发育，甚至层理被置换，以致原生层理极难辨认。这就要求我们在野外工作中仔细观察，尽力发现能鉴别层理的各种标志及岩层的其他原生构造去识别层理。如图 10 - 73(a)所示，该地段为粉砂岩夹中薄层砂岩，由于节理发育，粉砂岩原始层理难以鉴别层理，但可以通过砂岩夹层进行判断。如图 10 - 73(b)所示，下部的粉砂岩被劈理化后，无法分辨出岩层层理，但可以通过上部的厚层砂岩鉴别出岩层原始层理。

(7)根劈作用。在风化作用中，生物的机械风化作用主要发生在生物的生命活动过程中。生长在岩石裂隙中的植物，随着根系不断地长大，对裂隙壁产生挤压，使岩石裂隙扩大，从而引起岩石破坏，这种作用称根劈作用，如图 10 - 74 所示。

(a) 粉砂岩夹砂岩，层理清晰

(b) 下部粉砂层，层理已劈理化

图 10－73　层理

图 10－74　根劈作用

第九节　观测路线Ⅸ：永安石林

1. 路线

永安石林位于永安市西北 13km 的大湖镇，面积 1.21km^2，石林属岩溶喀斯特地貌，规模仅次于云南麓南石林，号称“全国第二”，有“福建小桂林”称誉。附近有新石林、翠云洞、寿春岩、洪云洞、十八洞、石洞寒泉等 6 个区。这里耸立着奇形怪状的石柱 196 座，最高的 36m。怪石拟人状物，千姿百态，有巡山怪面人、霸王别姬、麒麟童子；有石猴抱桃、双龙出洞、五鱼戏水、古钟悬挂，以及惊人石、朝天笏、望天星等，惟妙惟肖，栩栩如生。石林中有一巨大峭壁，长约200m，高50m，壁面经千万年风雕雨蚀，宛若敦煌壁画，耐人寻味。

灰岩同时也是一种非常重要的非金属矿产，与人们的日常生产、生活密切相关，当地有很多水泥厂，以灰岩做其主要原料生产水泥。

2. 任务

实习时应开展以下工作：

(1)观察描述二叠系栖霞组石灰岩特征，进行碳酸盐岩简易化学测试(石灰岩的鉴定方法)。

(2)沿途观察和测量石灰岩的产状变化。

(3)认识和鉴定鲕状灰岩、碎屑灰岩、生物碎屑灰岩

(4)初步掌握波痕、泥裂、虫迹、平行层理、斜层理和冲刷构造等特征。

(5)探讨石灰岩的沉积环境，确定地层层序。

3. 重点教学内容

(1)双龙戏珠。双龙戏珠由一块悬垂的钟乳石和其下石笋共同组成，上下两个龙头互相望着对方，如图10－75所示。

图10－75　双龙戏珠

(2)石猴抱桃。石猴抱着仙桃高坐峰头，那石猴五官俱全，额突睛陷，耸肩缩脖，形象逼真，是石林标志性的景观，如图10－76所示。

(3)黑熊护笋。黑熊护笋由两座较小的石芽构成，其中翘耳、尖嘴、胖乎乎的像黑熊，另一座竖立的石芽分节如笋，上有清代留下的石刻“玉笋”二字，如图10－77所示。

图 10－76　石猴抱桃

图 10－77　黑熊护笋

(4)擎天柱石。一般来说,在水平或微倾斜岩层发育的岩溶区,多成圆柱形或锥形,如图 10－78 所示。

大湖区的灵隐石林形成了千姿百态的喀斯特地貌景观和巧夺天工的洞穴奇景,为一套较为完整的岩溶地貌系统,保留了岩溶地貌的形成发育过程中的各种类型形态遗迹,石林下部分布溶洞及其种种化学沉积形态,比如水平溶洞、落水洞、暗河、石种乳、石笋、石瀑布、石梯田、石幔等,是研究其岩溶形成历史的最佳场地,同时也是很好的旅游资源。

图 10－78　擎天柱石

但存在许多不利于工程建设的地质因素,岩溶地基变形破坏主要形式有地基承载力不足、不均匀沉降、地基滑动、地表坍塌等。岩溶区发育许多裂隙、管道和溶洞,在进行水库、大坝、隧道、基坑等工程时,如存在承压水并有富水优势断裂作为通道,则可能会遇到地下突水而导致基坑、隧道等工程的排水困难甚至淹没,也可能因岩溶渗漏而造成水库无法蓄水。

第十节　观察路线Ⅹ:永安桃源洞

1. 路线

永安桃源洞位于福建省永安市北 10km 处,紧邻往三明方向的 205 国道,三明往返永安的专线车即可到达,交通非常便利。桃源洞景区面积 37km^2,属于典型的丹霞地貌景观,如图 10－79所示。晚白垩世以来,其形成和发展受区域上北东向政和-大埔断裂和北西向永安-晋江断裂控制。在早期的拉张、滑脱和新近纪断块式隆升过程中,形成以北东向、北北东向为主的断裂、节理以及不均匀分布的北西向、南北向、东西向次级断裂和密集节理带,这些断裂和节理控制了盆地内丹霞山体、峡谷的延伸以及丹霞石堡、重新活动的断裂切割岩层,使它们产生裂隙和升降差异,地质构造、流水侵蚀、崩塌和风化作用,使得丹霞地貌区峰峦重叠、谷深壑幽,有百丈岩、象鼻岩、望天龟、走马岩、天柱峰、狮子岩、观音岩、仙炉岩等大小的石堡、石墙、石柱数十座,桃源洞口一线天、翡翠谷、拼搁谷、桃花涧等线谷、巷谷近百条。使得公园内山峰平地拔起,丹崖峭拔奇特。构成了丹霞地貌“顶平、崖陡、麓缓”的基本形态。

2. 任务

通过实习掌握丹霞地貌的形态特征,了解地质构造、岩性及外力作用对丹霞地貌形成的影响。学习野外地貌观察的方法,提高野外视野。

3. 重点教学内容

(1)丹霞地貌。永安红色地层形成于侏罗纪至白垩纪,受燕山运动和印支运动的影响,永安地区变成一个小盆地,当时气候干旱、炎热,永安红色地层便是产生于这种情况下的陆相沉积,主要岩性为紫红色厚层砾岩—砂砾岩夹少量砂岩和粉砂岩,厚度和岩性变化大,由于胶结

图 10－79　丹霞地貌

物常含钙质，胶结较紧密，经风化溶解，常构成假岩溶地貌(丹霞地貌)，如图 10－80 所示，砂岩层岩性较软，抗侵蚀作用较弱，微微向内凹陷，而砾岩层岩性较硬，抗侵蚀作用较强，且微微向外凸出。

图 10－80　假岩溶地貌

(2)构造台地地貌。丹霞地貌发育始于第三纪晚期的喜马拉雅造山运动，这次运动使部分红色地层发生倾斜和舒缓褶曲，并使红色盆地发生了多次的间歇上升，流水向盆地中部低洼处集中，沿岩层垂直节理进行侵蚀，沉积着厚厚的红色地层，在流水的侵蚀下，丹霞盆地的红层被割成一片片红色的山群，而有些地层被抬升起来后形成了构造台地，如图 10－81 所示。形成了顶平、身陡、麓缓的方山、石墙、石峰、石柱等奇险的地貌形态。

(3)一线天。一线天堪称全国之冠，只见悬崖裂出一道节理，就像用刀劈出一样，绝壁裂处，直透崖端，高 90m，全长 120m，共 206 个台阶。一线天实际为地质节理、节理缝隙受流水侵

图 10 - 81　构造台地

蚀作用，形成了与节理走向完全一致的平直狭窄的深沟，即形成一线天这一奇特的丹霞地貌景观，如图 10 - 82 所示。

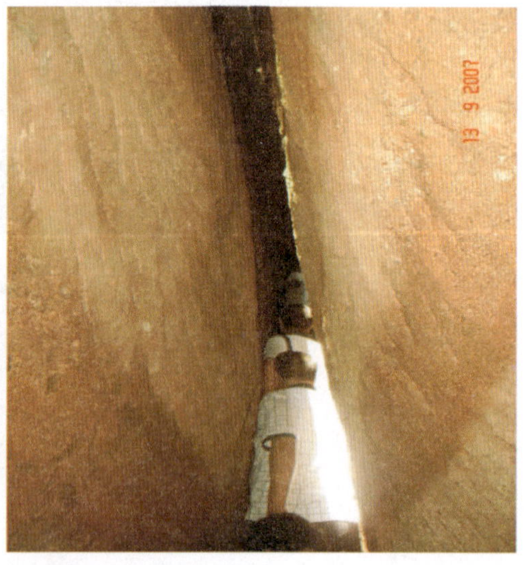

图 10 - 82　一线天

(4)崖壁地貌。如图 10 - 83(a)所示为典型的直线状崖壁，壁立千仞的百丈崖是由距今 6500 万年前晚白垩世沉积成的崇山组紫红色砂砾岩层沿垂直节理崩塌形成的一个陡崖，崖壁走向 295°，高 130m，长约 200m。在崖壁上面可见清晰的流水痕迹，形成了峡谷曲流，如图 10 - 83(b)、(c)所示，崖壁上发育风化及流水侵蚀而成的扁圆形、半圆形平洞、额状洞和垂直凹槽。

(a)百丈崖

(b)全景图

(c)局部放大图

图 10 - 83　崖壁地貌

(5)峰林地貌。沉积着红色地层的盆地发生了多次的间歇上升，在流水的侵蚀作用下，丹霞盆地的红层被割成一片片红色的山群，而其中有些台地破碎后就形成峰林地貌，如图10 - 84所示。

图 10 - 84　峰林地貌

附录A　地质时代、成因及岩石的花纹符号

- Q_4 第四系全新统
- Q_3 第四系上更新统
- Q_2 第四系中更新统
- Q_1 第四系下更新统
- N 新近系
- E 古近系
- K 白垩系
- J 侏罗系
- T 三叠系
- P 二叠系
- C 石炭系
- D 泥盆系
- S 志留系
- O 奥陶系
- ∈ 寒武系
- Z 震旦系
- al 冲积
- pl 洪积
- dl 坡积
- el 残积
- col 风积
- ml 人工填土
- al+pl 冲洪积
- del 滑坡沉积

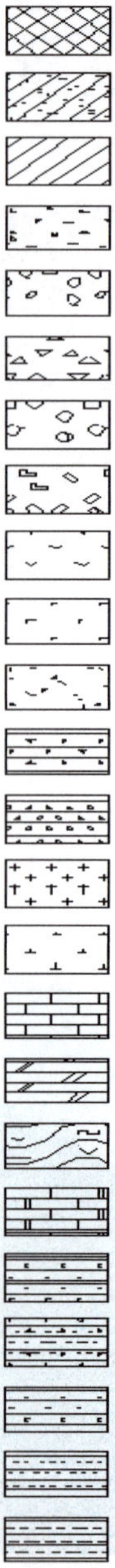

- 填土
- 砂质黏性土
- 黏性土
- 角砾
- 卵石
- 碎石
- 漂石
- 块石
- 安山岩
- 玄武岩
- 火山角砾岩
- 砾岩
- 角砾岩
- 花岗岩
- 闪长岩
- 石灰岩
- 白云岩
- 片麻岩
- 大理岩
- 石英岩
- 砂砾岩
- 砂岩
- 粗砂岩
- 粉砂岩

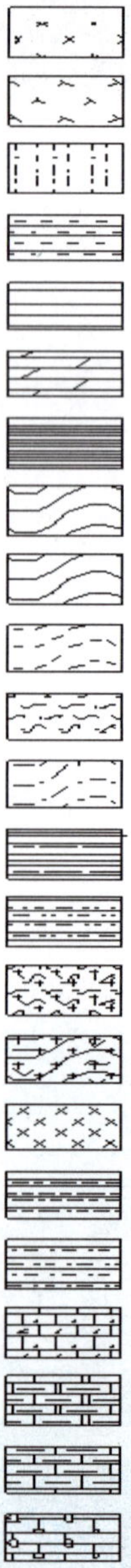

- 辉长岩
- 玢岩
- 凝灰岩
- 泥岩
- 页岩
- 泥灰岩
- 煤岩
- 片岩
- 板岩
- 千枚岩
- 混合岩
- 糜棱岩
- 泥质粉砂岩
- 粉砂质泥岩
- 花岗混合岩
- 花岗片麻岩
- 辉绿岩
- 泥质砂岩
- 砂质泥岩
- 硅质灰岩
- 泥质白云岩
- 泥质石灰岩
- 燧石灰岩

附录 B 常用地质构造符号

- 平移正断层
- 平移逆断层
- 实测走滑断层
- 推测走滑断层
- 断层破碎带
- 剪切挤压带
- 直立挤压带
- 区域性断层
- 韧性剪切带
- 脆韧性剪切带
- 实测复活断层
- 推测复活断层
- 早期剥离断层(英文字母为代号)
- 晚期剥离断层(英文字母为代号、齿指向断层倾斜方向)
- 逆冲推覆断层(箭头表示推覆面倾向)
- 飞来峰构造
- 构造窗
- 隐伏或物探推测断层
- 航、卫片解译断层
- 基底断裂
- 背斜
- 向斜
- 复式背斜
- 复式向斜
- 箱状背斜
- 箱状向斜
- 梳状背斜
- 梳状向斜
- 短轴背斜
- 短轴向斜
- 倾伏背斜
- 扬起向斜
- 鼻状背斜
- 穹隆
- 隐伏背斜 隐伏向斜
- 背斜轴线
- 向斜轴线
- 复式背斜轴线
- 复式向斜轴线
- 箱状背斜轴线
- 箱状向斜轴线
- 梳状背斜轴线
- 梳状向斜轴线
- 短轴背斜轴线
- 短轴向斜轴线
- 倾伏背斜轴线
- 扬起向斜轴线
- 倒转向斜(箭头指向轴面倾斜方向)
- 倒转背斜(箭头指向轴面倾斜方向)
- 向形构造
- 背形构造
- 倒转背斜(箭头指向轴面倾向)
- 倒转向斜(箭头指向轴面倾向)

附录C 视倾角换算表

真倾角(A)	岩层走向与剖面间夹角(B－C)																
	80°	75°	70°	65°	60°	55°	50°	45°	40°	35°	30°	25°	20°	15°	10°	5°	1°
10°	9°51′	9°40′	9°24′	9°5′	8°41′	8°13′	7°41′	7°6′	6°28′	5°46′	5°2′	4°15′	3°27′	2°37′	1°45′	0°53′	0°10′
15°	14°47′	14°31′	14°8′	13°39′	13°34′	12°28′	11°36′	10°4′	9°46′	8°44′	7°38′	6°28′	5°14′	3°33′	2°40′	1°20′	0°16′
20°	19°43′	19°23′	18°53′	18°15′	17°30′	16°36′	15°35′	14°25′	13°10′	11°48′	10°19′	8°45′	7°6′	5°23′	3°37′	1°49′	0°22′
25°	24°48′	24°15′	23°39′	22°55′	22°0′	20°54′	19°39′	18°15′	16°41′	14°58′	13°7′	11°9′	9°3′	6°53′	4°37′	2°20′	0°28′
30°	29°37′	29°9′	28°29′	27°37′	26°34′	25°13′	23°51′	22°12′	20°21′	18°19′	16°6′	13°43′	11°10′	8°30′	5°44′	2°53′	0°35′
35°	34°36′	34°4′	33°21′	32°24′	31°13′	29°50′	28°12′	26°20′	24°14′	21°53′	19°18′	16°29′	13°28′	10°16′	6°56′	3°30′	0°42′
40°	39°34′	39°2′	38°15′	37°15′	36°0′	34°30′	32°44′	30°41′	28°20′	25°42′	22°45′	19°31′	16°0′	12°15′	8°117′	4°11′	0°50′
45°	44°34′	44°1′	43°13′	42°11′	40°54′	39°19′	37°27′	35°16′	32°44′	29°50′	26°33′	22°55′	18°53′	14°30′	9°51′	4°59′	1°0′
50°	49°34′	49°1′	48°14′	47°12′	45°54′	44°17′	42°23′	40°7′	37°27′	34°21′	30°47′	26°44′	22°11′	17°9′	11°41′	5°56′	1°11′
55°	54°35′	54°4′	53°19′	52°18′	51°3′	49°29′	47°35′	45°17′	42°33′	39°20′	35°32′	31°7′	26°2′	20°17′	13°55′	7°6′	1°26′
60°	59°37′	59°8′	58°26′	57°30′	56°19′	54°49′	53°0′	50°46′	48°4′	44°47′	40°54′	36°14′	30°29′	24°8′	16°44′	8°35′	1°44′
65°	64°40′	64°14′	63°36′	62°46′	61°42′	60°21′	58°40′	56°36′	54°2′	50°53′	46°59′	42°11′	36°15′	29°2′	20°25′	10°35′	2°9′
70°	69°43′	69°43′	68°49′	68°7′	67°12′	66°8′	64°35′	62°46′	60°29′	57°36′	53°57′	49°16′	43°13′	35°25′	25°30′	13°28′	2°45′
75°	74°47′	74°47′	74°5′	73°32′	72°48′	71°53′	70°43′	69°14′	67°22′	64°58′	61°49′	57°37′	51°55′	44°1′	32°57′	18°1′	3°44′
80°	79°51′	79°51′	79°22′	78°59′	78°29′	77°51′	77°2′	76°0′	74°40′	73°15′	70°34′	67°21′	52°43′	55°44′	44°33′	26°18′	5°31′
85°	84°56′	84°56′	84°41′	84°29′	84°14′	83°54′	83°29′	82°57′	82°15′	81°20′	80°5′	78°19′	75°39′	71°20′	63°15′	44°54′	11°17′
89°	88°59′	88°58′	88°56′	88°54′	88°51′	88°51′	88°42′	88°35′	88°27′	88°15′	88°0′	87°38′	87°5′	86°9′	84°15′	78°41′	44°15′

注：视倾角(D)＝arctan[tan$A$×cos(B－C)]。A.真倾角；B.倾向；C.走向(导线方向)。

主要参考文献

白明洲,王勐,刘莹.工程地质基础实习实验教程[M].北京:清华大学出版社,2007.
常士骠,张苏民.工程地质手册[M].北京:中国建筑工业出版社,2007.
胡明.构造地质学[M].北京:石油工业出版社,2015.
黄磊.工程地质实习指导书[M].郑州:黄河水利出版社,2014.
黄治云.工程地质认识与分析[M].武汉:中国地质大学出版社,2013.
简文彬,吴振祥.地质灾害及其防治[M].北京:人民交通出版社,2015.
焦述强,孔华.基础地球科学[M].武汉:中国地质大学出版社,2007.
李昌年,李净红.矿物岩石学[M].武汉:中国地质大学出版社,2014.
李相然.工程地质学[M].北京:中国电力出版社,2006.
李勇,焦建刚,郭俊锋,等.安徽巢湖野外地质教学基地实习教程[M].北京:地质出版社,2008.
李智毅,唐辉明.岩土工程勘察[M].武汉:中国地质大学出版社,2009.
李智毅,杨裕云.工程地质学概论[M].武汉:中国地质大学出版社,2006.
梁诗经.福建永安白垩纪红层盆地丹霞地貌及特征[J].福建地质,2009,28(1):1-9.
林建平,赵国春,程捷,等.北戴河地质认识实习指导书[M].北京:地质出版社,2005.
刘传正.地质灾害勘查指南[M].北京:地质出版社,2008.
刘传正.环境工程地质学导论[M].北京:地质出版社,1995.
刘德仁,赖天文.工程地质野外实习指导书[M].成都:西南交通大学出版社,2011.
刘家润.江苏及若干邻区基础地质认识实习[M].南京:南京大学出版社,2009.
刘文中,郑建斌,王兴阵.基础地质课程实验指导书[M].合肥:中国科学技术大学出版社,2015.
倪福全,邓玉,王丽峰.工程地质及水文地质实验实习指导[M].成都:西南交通大学出版社,2015.
潘懋,李铁峰.灾害地质学[M].北京:北京大学出版社,2012.
戚筱俊,张元欣.工程地质及水文地质实习、作业指导书[M].北京:水利水电出版社,1997.
齐童,刘永顺.地质学野外实习简明教程[M].北京:中国环境出版社,2015.
桑隆康,廖群安,邬金华.岩石学实验指导书[M].武汉:中国地质大学出版社,2005.
尚岳全.地质工程学[M].北京:清华大学出版社,2006.
石振明,孔宪立.工程地质学[M].北京:中国建筑工业出版社,2011.
苏生瑞,王贵荣,黄强兵.地质实习教程[M].北京:人民交通出版社,2005.
孙广忠,孙毅.地质工程学原理[M].北京:地质出版社,2004.
唐益群,石振明,董炳炎,等.工程地质学实习教程[M].上海:同济大学出版社,2002.
童建军,马德芹.土木工程地质实习指导书[M].成都:西南交通大学出版社,2011.
王恭先,徐峻龄,刘光代,等.滑坡学与滑坡防治技术[M].北京:中国铁道出版社,2007.
王家生.北戴河地质认识实习简明教程[M].武汉:中国地质大学出版社,2004.

王家生.北戴河地质认识实习简明手册[M].武汉:中国地质大学出版社,2004.
王运生,孙书勤,李永昭.地貌学及第四纪地质学简明教程[M].成都:四川大学出版社,2008.
王昭雁.地质实习指导书[M].北京:中国建筑工业出版社,2003.
吴兴民,张亚娟.地质学基础[M].天津:南开大学出版社,2014.
吴振祥,樊秀峰,简文彬.发挥学生主体作用创建和谐课堂[J].北京:中国地质教育,2009(3)70－72.
吴振祥,樊秀峰,简文彬.在地质实习教学中提高学生素质的实践探索[J].中国电力教育,2012(5):78－79.
徐开礼,朱志澄.构造地质学[M].北京:地质出版社,2003.
杨坤光,袁晏明.地质学基础[M].武汉:中国地质大学出版社,2009.
尹春,李志忠.福建永安白垩纪丹霞地层沉积环境探讨[J].山东师范大学学报(自然科学版),2014(4):78－84.
俞鸿年,卢华复.构造地质学[M].南京:南京大学出版社,1998.
曾佐勋,樊光明,刘强,等.构造地质学实习指导书[M].武汉:中国地质大学出版社,2008.
曾佐勋,樊光明.构造地质学[M].武汉:中国地质大学出版社,2008.
张倬元,王士天,王兰生.工程地质分析原理[M].北京:地质出版社,1994.
赵其华,彭社琴.岩土支挡与锚固工程[M].成都:四川大学出版社,2008.
中华人民共和国国土资源部. DZ/T 0219—2006 县(市)地质灾害调查与区划基本要求实施细则(修订稿)[S].北京:地质出版社,2006.
中华人民共和国国土资源部.DZ/T 0218—2006 滑坡防治工程勘查规范[S].北京:中国标准出版社,2006.
中华人民共和国国土资源部.DZ/T 0221—2006 崩塌、滑坡、泥石流监测规范[S].北京:中国标准出版社,2006.
中华人民共和国国土资源部.DZ/T 0222—2006 地质灾害防治工程监理规范[S].北京:中国标准出版社,2006.
中华人民共和国国土资源部.DZ/T 0219—2006 滑坡防治工程设计与施工技术规范[S].北京:中国标准出版社,2006.
中华人民共和国国土资源部.DZ/T 70220—2006 泥石流灾害防治工程勘查规范[S].北京:中国标准出版社,2006.
周德泉.工程地质实践教程[M].长沙:中南大学出版社,2014.
朱玉磷.中华人民共和国区域地质图说明书安砂幅(1:50 000)[G].福建:福建省地质矿产局,1989.
朱玉磷.中华人民共和国区域地质图说明书贡川幅(1:50 000)[G].福建:福建省地质矿产局,1989.